中央财政支持专业提升服务能力项目课程建设

水利工程识图与CAD

主　编　韩敏琦　杨林林
副主编　张海文　覃贵赟
主　审　韩玉国

中国水利水电出版社
www.waterpub.com.cn

内 容 提 要

本书是中央财政支持专业提升服务能力项目——水利工程施工技术专业课程建设成果之一。本书分三个学习情境，学习情境一水利水电工程识图基础包括工程图样的一般规定、投影知识、水工图的表达方法三个工作任务；学习情境二典型水工建筑物图的识读包括渠道图识读、大坝图识读、水闸图识读、桥梁图识读、渡槽图识读、倒虹吸管图识读六个工作任务；学习情境三 AutoCAD 软件绘图包括 AutoCAD 介绍、水工图的二维图绘制举例、水工图的三维图绘制举例、AutoCAD 打印四个工作任务。全书以识图为主线，内容取舍、选题举例密切结合专业实际，充分体现专业特色。

本书为高职高专水利水电类专业教材，也可供中等学校水利类专业使用和工程技术人员参考。

图书在版编目（CIP）数据

水利工程识图与CAD/韩敏琦，杨林林主编．—北京：中国水利水电出版社，2015.7（2017.1 重印）
中央财政支持专业提升服务能力项目课程建设
ISBN 978-7-5170-3446-9

Ⅰ．①水…　Ⅱ．①韩…②杨…　Ⅲ．①水利工程-工程制图-识别-高等职业教育-教材②水利工程-工程制图-AutoCAD 软件-高等职业教育-教材　Ⅳ．①TV222.1

中国版本图书馆 CIP 数据核字（2015）第 173397 号

书　　名	中央财政支持专业提升服务能力项目课程建设 **水利工程识图与 CAD**
作　　者	主编　韩敏琦　杨林林　副主编　张海文　覃贵赟　主审　韩玉国
出版发行	中国水利水电出版社 （北京市海淀区玉渊潭南路 1 号 D 座　100038） 网址：www.waterpub.com.cn E-mail：sales@waterpub.com.cn 电话：（010）68367658（营销中心）
经　　售	北京科水图书销售中心（零售） 电话：（010）88383994、63202643、68545874 全国各地新华书店和相关出版物销售网点
排　　版	中国水利水电出版社微机排版中心
印　　刷	北京瑞斯通印务发展有限公司
规　　格	184mm×260mm　16 开本　8 印张　190 千字
版　　次	2015 年 7 月第 1 版　2017 年 1 月第 2 次印刷
印　　数	1501—3000 册
定　　价	**21.00 元**

前　言

"水利工程识图与制图"是高等职业教育水利类专业的一门核心课程。本书主要阐述了水利水电工程识图基础、典型水工建筑物图的识读、AutoCAD软件绘图等内容。

本书是北京农业职业学院中央财政支持专业提升服务能力项目——水利工程施工技术专业课程建设成果之一。根据高职教育人才培养模式和基本特点，按照理、实一体化的改革思路，以识图为主线，删减弱化了手工制图等部分理论内容，增加了工程专业图的识读及 AutoCAD 软件绘制工程三维模型的内容，力求理论知识以适当够用为度，突出知识的实用性，内容取舍、选题举例密切结合专业实际，以突出专业特色、能力培养、注重实践应用性等要求。

本书采用的是 2013 年水利部颁布的《水利水电工程制图标准》（SL 73—2013）。

本书由北京农业职业学院韩敏琦、杨林林任主编，北京农业职业学院张海文、北京中水润科认证有限责任公司覃贵赟任副主编，北京林业大学水土保持学院韩玉国任主审。全书由三个学习情境组成：学习情境一由韩敏琦编写；学习情境二工作任务一至工作任务三由张海文编写，工作任务四至工作任务六由覃贵赟编写；学习情境三由杨林林编写。韩敏琦承担全书的统稿和校订工作。

本书在编写过程中引用了大量的标准，借鉴了很多专业文献及资料，恕未在书中一一注明。在此，对有关作者表示诚挚的谢意。

由于编者水平有限，编写时间仓促，书中的缺点和不妥之处，恳请广大读者批评指正。

编者
2015 年 1 月

目　录

学习情境一 水利水电工程识图基础

工作任务一 工程图样的一般规定

一、图纸幅面及格式

1. 图纸幅面

图纸幅面是指图纸本身的大小规格，简称图幅。为了便于图纸的保管与合理利用，制图标准对图纸的基本幅面作了规定，具体尺寸见表1-1。

表1-1　　　　　　　　　　　　基本幅面及图框尺寸

幅面代号		A0	A1	A2	A3	A4
幅面尺寸（宽×长）/（mm×mm）		841×1189	594×841	420×594	297×420	210×297
周边尺寸 /mm	e	20			10	
	c	10			5	
	a	25				

由表1-1可以看出，沿上一号幅面图纸的长边对折，即为下一号幅面图纸的大小。图幅在应用时，如果面积不够大，根据要求允许在基本幅面的短边成整数倍加长。同一项工程的图纸，不宜多于两种幅面。

2. 图框格式

无论用哪种幅面的图纸绘制图样，均应先在图纸上用粗实线绘出图框，图形只能绘制在图框内。图框格式分为无装订边和有装订边两种，如图1-1和图1-2所示。图框周边尺寸见表1-1。

3. 标题栏

图样中的标题栏是图样的重要内容之一，画在图纸右下角，外框线为粗实线，内部分格线为细实线，如图1-3所示。A0、A1图幅可采用如图1-3（a）所示标题栏；A2～A4图幅可采用如图1-3（b）所示标题栏。

二、绘图比例

工程建筑物的尺寸一般都很大，不可能都按实际尺寸绘制，所以用图样表达物体时，需选用适当的比例将图形缩小；而有些机件的尺寸很小，则需要按一定比例放大。

图样中图形与实物相对应的线性尺寸之比即为比例。比值为1称为原值比例，即图形与实物同样大；比值大于1称为放大比例，如2∶1，即图形是实物的两倍大；比值小于1称为缩小比例，如1∶2，即图形是实物的一半大。绘图时所用的比例应根据图样的用途和

1

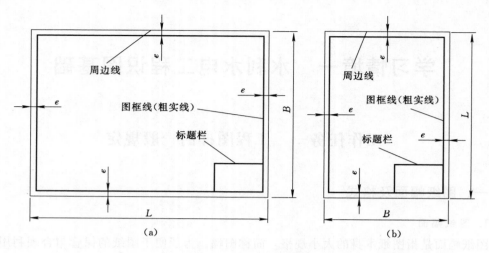

图 1-1 无装订边图框

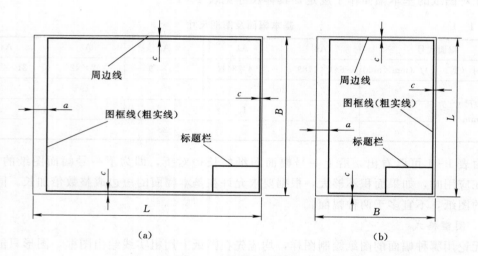

图 1-2 有装订边图框

被绘对象的复杂程度，采用表 1-2 中所列的比例，并优先选用常用比例。

表 1-2　　　　　　　　　　　水利工程制图规定比例

种类	选用	比例		
原值比例	常用比例	1:1		
放大比例	常用比例	2:1	5:1	$10n:1$
	可用比例	2.5:1		4:1
缩小比例	常用比例	$1:10^n$	$1:(2\times10^n)$	$1:(5\times10^n)$
	可用比例	$1:(1.5\times10^n)$	$1:(2.5\times10^n)$	$1:3\times10^n$　$1:(4\times10^n)$

注　n 为正整数。

当整张图纸中只用一种比例时，应统一注写在标题栏内，否则应分别注写在相应图名的右侧或下方，比例的字高应较图名字体小 1 号或 2 号，如图 1-4 所示。

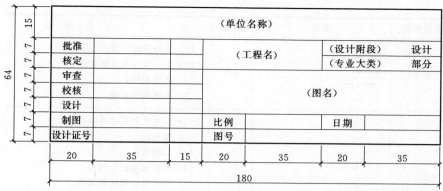

（a）标题栏（A0、A1）

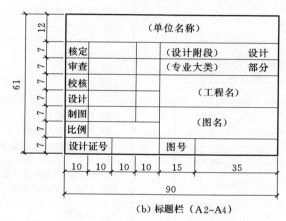

（b）标题栏（A2~A4）

图 1-3　标题栏

三、图线

　　画在图纸上的线条统称图线。在制图标准中对各种不同图线的名称、线型、宽度和应用都作了明确的规定，常用的几种图线线型和用途见表 1-3。

平面图 1：500　　平面图
　　　　　　　　　　1：500

图 1-4　比例的注写

表 1-3　　　　　　　　　　图线线型和用途

序号	图线名称	线型	线宽	一　般　用　途
1	粗实线	———————	b	（1）可见轮廓线； （2）钢筋； （3）结构分缝线； （4）材料分界线； （5）断层线； （6）岩性分界线

序号	图线名称	线型	线宽	一般用途
2	虚线	1～2mm 3～6mm	$b/2$	(1) 不可见轮廓线； (2) 不可见结构分缝线； (3) 原轮廓线； (4) 推测地层界限
3	细实线		$b/3$	(1) 尺寸线和尺寸界限； (2) 断面线； (3) 示坡线； (4) 重合断面的轮廓线； (5) 钢筋图的构件轮廓线； (6) 表格中的分格线； (7) 曲面上的素线； (8) 引出线
4	点画线	1～2mm 1～2mm 15～30mm	$b/3$	(1) 中心线； (2) 轴线； (3) 对称线
5	双点画线		$b/3$	(1) 原轮廓线； (2) 假想投影轮廓线； (3) 运动构件在极限或中间位置的轮廓线
6	波浪线		$b/3$	(1) 构件断裂处的边界线； (2) 局部剖视的边界线
7	折断线		$b/3$	(1) 中断线； (2) 构件断裂处的边界线

图线宽度的尺寸系列应为 0.18mm、0.25mm、0.35mm、0.5mm、0.7mm、1.0mm、1.4mm、2.0mm。基本图线宽度 b 应根据图形大小和图线密度选取，一般宜选用 0.35mm、0.5mm、0.7mm、1.4mm、2.0mm。

四、图例

图例是水工图的重要组成部分，表1-4中列出了部分常用建筑材料图例，表1-5列出了部分水工施工建筑物平面图例。

表1-4　　　　　　　　　　　　　部分常用建筑材料图例

材料	符号	材料	符号	材料	符号
水、液体		岩基		自然土壤	
夯实土		混凝土		钢筋混凝土	
干砌块石		浆砌块石		卵石	

表 1-5　　　　　　　部分水工施工建筑物平面图例

水工建筑物	符号	水工建筑物	符号	水工建筑物	符号
水库（大型）		水库（小型）		水闸	
混凝土坝		土石坝		升船机	
虹吸		涵洞（管）		溢洪道	

工作任务二　投　影　知　识

一、投影的方法

1. 投影的方法

水利水电工程施工图的绘制以投影法为依据，常用的投影法有中心投影法和平行投影法两种。

（1）中心投影法。中心投影法是指投影线从一点出发，经过空间物体，在投影面上得到投影的方法，如图 1-5 所示。

中心投影法绘制的直观图立体感较强，但不能真实反映物体的大小和形状，适用于绘制水利工程建筑物的透视图。

（2）平行投影法。平行投影法是指投影线相互平行，经过空间物体，在投影面上得到投影的方法。根据投影线与投影面的角度不同，又分为正投影法和斜投影法，如图 1-6 所示。

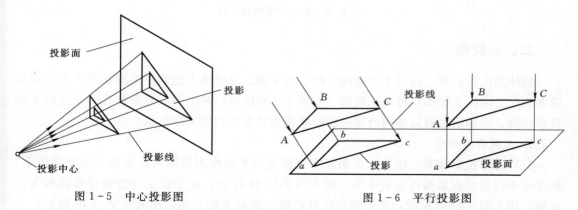

图 1-5　中心投影图　　　　　　　　图 1-6　平行投影图

正投影法绘制的图样能够表达物体的真实形状和大小，作图方法也较简单，所以广泛用于绘制工程图样。在以后的章节中如不加特殊说明，都指的是正投影。

2. 正投影的特性

（1）真实性。平行于投影面的直线段或平面图形，在该投影面上的投影反映了该直线段或者平面图形的实长或实形，这种投影特性称为真实性，如图1-7所示。

（2）积聚性。垂直于投影面的直线段或平面图形，在该投影面上的投影积聚成一点或一条直线，这种投影特性称为积聚性，如图1-8所示。

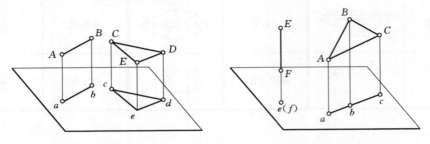

图1-7　投影的真实性　　　　　图1-8　投影的积聚性

（3）类似收缩性。倾斜于投影面的直线段或平面图形，在该投影面上的投影长度变短或是一个比真实图形小，但形状相似、边数相等的图形，这种投影特性称为类似收缩性，如图1-9所示。

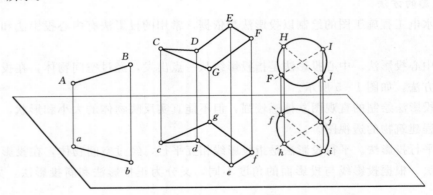

图1-9　投影的类似收缩性

二、三视图

物体是由长、宽、高三个向度确定的，要全面、准确地表达物体的形状和大小，通常需要三个方向的正投影，称为三视图。如图1-10所示，两个不同的形体在两个方向上的投影相同，必须通过前后方向的第三投影才能表达出它们的实际形状。

1. 三视图的形成

（1）三面投影体系。建立三个相互垂直相交的平面作为投影面，组成三面投影体系。处于水平位置的投影面称为水平面，用大写字母 H 标记；处于正立位置的投影面称为正立面，用大写字母 V 标记；处于侧立位置的投影面称为侧立面，用大写字母 W 标记。三个投影面的交线称为投影轴，分别是 OX、OY 和 OZ，三者相交于原点 O，如图1-11所示。

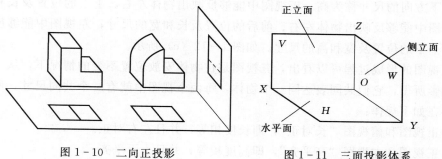

图 1-10 二向正投影　　　　　　　图 1-11 三面投影体系

如图 1-12 (a) 所示，将被投影的物体置于三面投影体系中，将物体分别向三个投影面作投影，得到物体的三视图。

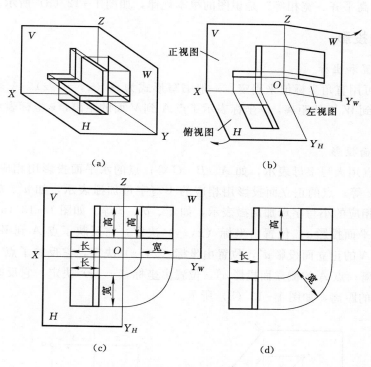

图 1-12 三视图的形成

正视图：物体在正立面上的投影，即从前向后看物体所得的视图。

俯视图：物体在水平面上的投影，即从上向下看物体所得的视图。

左视图：物体在侧立面上的投影，即从左向右看物体所得的视图。

(2) 三视图的展开。工程中的三视图是在平面图纸上绘制的，因此需要将三面投影体系展开，如图 1-12 (b) 所示。V 面保持不动，H 面向下绕 OX 轴旋转 90°，W 面向右绕 OZ 轴旋转 90°，三面展开成一个平面。OY 轴一分为二，H 面的标记为 OY_H，W 面的标记为 OY_W。

2. 三视图的规律

物体的空间位置分为左右、前后、上下，左右方向的尺寸称为长，前后方向的尺寸称

7

为宽，上下方向的尺寸称为高。正视图中能够反映出物体左右、上下的位置及长和高的尺寸；俯视图中能够反映出物体左右、前后的位置及长和宽的尺寸；左视图中能够反映出物体前后、上下的位置及宽和高的尺寸。如图 1-12（c）所示。

从三视图的形成过程可以看出，三视图是在物体安放位置不变的情况下，从三个不同的方向投影所得，它们共同表达同一个物体，每两个视图中就有一个共同尺寸，所以三视图之间存在如下规律：

（1）正视图和俯视图"长对正"，即长度相等，并且左右对正。

（2）正视图和左视图"高平齐"，即高度相等，并且上下平齐。

（3）俯视图和侧视图"宽相等"，即俯视图的 OY_H 方向与侧视图的 OY_W 方向对应相等。

"长对正、高平齐、宽相等"是识图的根本规律，如图 1-12（d）所示。

三、点的投影

1. 点的位置和坐标

点的位置可用直角坐标值来确定，一般书写形式为 A（x，y，z）。A 表示空间点，x 坐标表示点 A 到 W 面的距离，y 坐标表示了点 A 到 V 面的距离，z 坐标表示点 A 到 H 面的距离。

2. 点的三面投影

规定空间点用大写字母表示，如 A、B、C 等；点的水平面投影用相应的小写字母表示，如 a、b、c 等；点的正立面投影用相应的小写字母加撇表示，如 a'、b'、c' 等；点的侧立面投影用相应的小写字母加两撇表示，如 a''、b''、c'' 等。如图 1-13（a）所示。

点 A 的水平面投影 a，位置由坐标（x，y）决定，它反映了点 A 到 W、V 两个投影面的距离；点 A 的正立面投影 a'，位置由坐标（x，z）决定，它反映了点 A 到 W、H 两个投影面的距离；点 A 的侧立面投影 a''，位置由坐标（y，z）决定，它反映了点 A 到 V、H 两个投影面的距离，如图 1-13（b）所示。

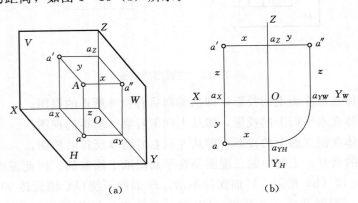

图 1-13　点的三面投影

3. 点的投影规律

点 A 的三视图如图 1-13（b）所示，分析可以得出点的三面投影规律：

（1）点的 *V* 面投影和 *H* 面投影的连线垂直于 *OX* 轴，即 $aa' \perp OX$（长对正）。

（2）点的 *V* 面投影和 *W* 面投影的连线垂直于 *OZ* 轴，即 $a'a'' \perp OZ$（高平齐）。

（3）点的 *H* 面投影至 *OX* 轴的距离等于点的 *W* 面投影至 *OZ* 轴的距离，即 $aa_X = a''a_Z$（宽相等）。

4．点的相对位置关系

空间点的相对位置，可通过分析两点的同面投影进行判断。正视图与俯视图中 *x* 坐标值的大小可以判断两点的左右位置关系；正视图与左视图中 *z* 坐标值的大小可以判断两点的上下位置关系；俯视图与左视图中 *y* 坐标值的大小可以判断两点的前后位置关系。如图 1-14 所示，正视图与俯视图中点 *A* 的投影 a'、a 在点 *B* 的投影 b'、b 靠左，点 *A* 的 *x* 坐标值大于点 *B*，即实际空间点 *A* 在点 *B* 的左侧。同理可判断两点之间的前后、上下关系。

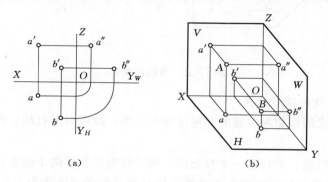

图 1-14　两点的空间位置

当空间两点位于同一投影线上，它们在该投影面上的投影重合为一点，这两点称为该投影面的重影点。如图 1-15（a）所示，*A*、*B* 两点处在 *H* 面的同一投影线上，它们的水平投影 *a*、*b* 重影为一点，空间点 *A*、*B* 称为 *H* 面的重影点。

重影点的可见性可根据 (x, y, z) 三个坐标值中不相同的那个坐标值来判别，坐标值大的点投影可见。制图标准规定，在不可见的点的投影上加括号，如图 1-15（b）所示，点 *A* 的 *z* 坐标值大于点 *B*，可知实际空间点 *A* 在点 *B* 的上方，点 *B* 为不可见点，其水平投影应加括号。

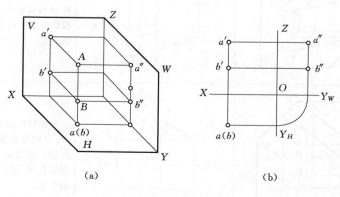

图 1-15　重影点

四、直线的投影

两点确定一条直线。绘制直线段的投影，可先绘制直线段两端点的投影，然后用粗实线将两端点的各同面投影连接成直线段即可，如图1-16所示。

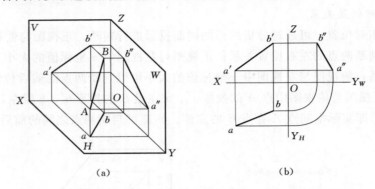

（a） （b）

图1-16 直线的投影

1. 各种位置直线的投影特性

直线与投影面之间按相对位置的不同可分为三类：投影面平行线、投影面垂直线、一般位置直线。

（1）投影面平行线。平行于一个投影面，同时倾斜于另外两个投影面的直线称为投影面平行线。与 H 面平行的直线称为水平线，与 V 面平行的直线称为正平线，与 W 面平行的直线称为侧平线。投影面平行线的投影特性见表1-6。规定直线与 H、V、W 面的夹角分别用 α、β、γ 表示。

表1-6 投影面平行线的投影特性

名称	直观图	投影图	投影特性
水平线			水平投影反映实长，水平投影与 X、Y 轴的夹角分别反映直线与 V、W 面的倾角 β、γ。正面投影与侧面投影分别平行于 X、Y 轴，但不反映实长
正平线			正面投影反映实长，正面投影与 X、Z 轴的夹角分别反映直线与 H、W 面的倾角 α、γ。水平投影与侧面投影分别平行于 X、Z 轴，但不反映实长

名称	直 观 图	投 影 图	投 影 特 性
侧平线			侧面投影反映实长，侧面投影与Y、Z轴的夹角分别反映直线与H、V面的倾角α、β。水平投影与正面投影分别平行于Y、Z轴，但不反映实长

投影面平行线的投影共性为：直线在它所平行的投影面上的投影为一斜线，反映实长，且该投影与相应投影轴的夹角，反映直线与另外两个投影面的倾角；直线在另外两个投影面上的投影分别平行于相应的投影轴，但投影小于实长。

（2）投影面垂直线。垂直于一个投影面，平行于另外两个投影面的直线称为投影面垂直线。与H面垂直的直线称为铅垂线，与V面垂直的直线称为正垂线，与W面垂直的直线称为侧垂线。投影面垂直线的投影特性见表1-7。

表1-7 **投影面垂直线的投影特性**

名称	直 观 图	投 影 图	投 影 特 性
铅垂线			水平投影积聚成一点。正面投影和侧面投影分别垂直于X、Y轴，且反映实长
正垂线			正面投影积聚成一点。水平投影和侧面投影分别垂直于X、Z轴，且反映实长
侧垂线			侧面投影积聚成一点。水平投影和正面投影分别垂直于Y、Z轴，且反映实长

　　投影面垂直线的投影共性为：直线在它所垂直的投影面上的投影积聚为一点，在另外两个投影面上的投影分别垂直于相应的投影轴，且反映实长。

　　（3）一般位置直线。倾斜于三个投影面，在三个投影面上的投影均为一斜线，投影均小于实长，投影与投影轴的夹角也不反映直线与投影面的倾角，如图 1-17 所示。

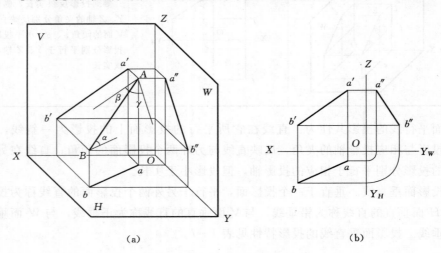

（a）　　　　　　　　　　　　（b）

图 1-17　一般位置直线

2. 两直线的相对位置

　　空间两直线的相对位置有平行、相交、交叉（异面）三种。

　　（1）两直线平行。空间两直线如果平行，则它们的同面投影都平行；反之亦然。如果两直线有一个投影面上的投影不平行，则空间两直线就不是平行关系，如图 1-18 所示。

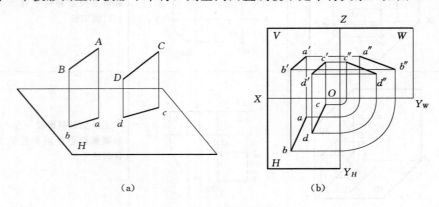

（a）　　　　　　　　　　　　（b）

图 1-18　两直线平行

　　（2）两直线相交。空间两直线如果相交，则它们的同面投影都相交，并且交点符合点的投影规律；反之亦然。如果两直线有一个投影面上的投影不相交，则空间两直线就不是相交关系，如图 1-19 所示。

　　（3）两直线交叉（异面）。空间两直线如果交叉（异面），则它们的同面投影既不相交也不平行，如图 1-20 所示。

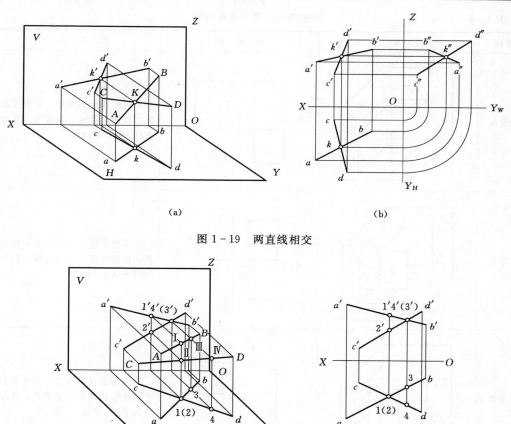

图 1－19 两直线相交

图 1－20 两直线交叉

五、平面的投影

1. 各种位置平面的投影特性

平面与投影面之间按相对位置的不同可分为三类：投影面平行面、投影面垂直面、一般位置平面。

（1）投影面平行面。平行于一个投影面，垂直于另外两个投影面的平面称为投影面平行面。与 H 面平行的平面称为水平面，与 V 面平行的平面称为正平面，与 W 面平行的平面称为侧平面。投影面平行面的投影特性见表 1－8。

投影面平行面的投影共性为：平面在它所平行的投影面上的投影反映实形，在另外两个投影面上的投影均积聚成与相应投影轴平行的直线。

（2）投影面垂直面。垂直于一个投影面，倾斜于另外两个投影面的平面称为投影面垂直面。与 H 面垂直的平面称为铅垂面，与 V 面垂直的平面称为正垂面，与 W 面垂直的平面称为侧垂面。投影面垂直面的投影特性见表 1－9。规定平面与 H、V、W 面的夹角分别用 α、β、γ 表示。

13

表 1 - 8　　　　　　　　　　　　　　**投影面平行面的投影特性**

名称	直 观 图	投 影 图	投 影 特 性
水平面			水平投影反映实形。正面投影和侧面投影积聚成一条直线，且分别平行于 X、Y 轴
正平面			正面投影反映实形。水平投影和侧面投影积聚成一条直线，且分别平行于 X、Z 轴
侧平面			侧面投影反映实形。水平投影和正面投影积聚成一条直线，且分别平行于 Y、Z 轴

表 1 - 9　　　　　　　　　　　　　　**投影面垂直面的投影特性**

名称	直 观 图	投 影 图	投 影 特 性
铅垂面			水平投影积聚成一条斜线，与 X、Y 轴的夹角分别反映平面与 V、W 面的倾角 β、γ。正面投影和侧面投影为平面的类似收缩形
正垂面			正面投影积聚成一条斜线，与 X、Z 轴的夹角分别反映平面与 H、W 面的倾角 α、γ。水平投影和侧面投影为平面的类似收缩形

续表

名称	直 观 图	投 影 图	投 影 特 性
侧垂面	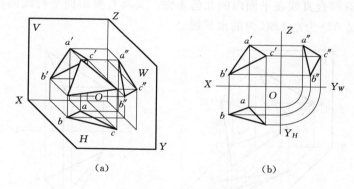		侧面投影积聚成一条斜线，与 Y、Z 轴的夹角分别反映平面与 H、V 面的倾角 α、β。水平投影和正面投影为平面的类似收缩形

投影面垂直面的投影共性为：平面在它所垂直的投影面上的投影积聚成直线，在另外两个投影面上的投影均为类似收缩形。

（3）一般位置平面。倾斜于三个投影面，在三个投影面上的投影均为类似收缩形，如图 1-21 所示。

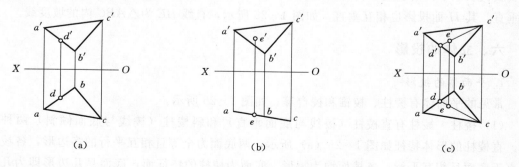

图 1-21　一般位置平面

2. 平面内的点和直线

（1）平面内的点。若一点在平面内，则该点必在平面的某一直线上，如图 1-22（a）所示；当点所处的平面为投影面垂直面时，可利用积聚性直接找到点的各面投影，如图 1-22（b）所示；当点所处的平面为一般位置平面时，可先在平面上作一辅助直线，然后利用辅助直线的投影找到点的投影，如图 1-22（c）所示。

图 1-22　平面内的点

（2）平面内的直线。若一直线在平面内，则该直线必通过该平面内的两点，或通过平面内的一点且平行于平面内的已知直线，如图1-23所示。

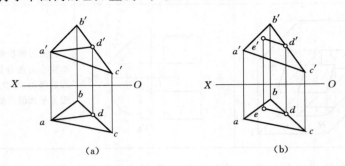

(a)   (b)

图1-23 平面内的直线

（3）平面内的投影面平行线。平面内与 H 面平行的直线称为平面内的水平线；与 V 面平行的直线称为平面内的正平线；与 W 面平行的直线称为平面内的侧平线。平面内的投影面平行线，既符合直线在平面内的几何条件，又具有投影面平行线的投影特性。如图1-24所示，直线 AD 为$\triangle ABC$ 内的水平线。

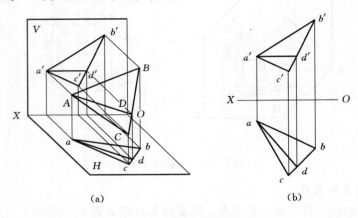

(a)   (b)

图1-24 平面内的投影面平行线

（4）平面内的坡度线。平面内的坡度线是指与该平面内的水平线垂直的直线。坡度线的坡度代表该平面的坡度，反映的是该平面与 H 面的夹角α。平面内的坡度线与水平线相互垂直，其 H 面投影也相互垂直。如图1-25所示，直线 BE 为$\triangle ABC$ 内的坡度线。

六、立体的投影

1. 平面体的投影

常见的平面体有棱柱、棱锥和棱台等，如图1-26所示。

（1）棱柱。棱柱有直棱柱（棱线与底面垂直）和斜棱柱（棱线与底面倾斜）两种形式。直棱柱的形体特征如图1-26（a）所示，两底面为全等且相互平行的多边形，各棱线垂直于底面且相互平行，各棱面均为矩形。底面为棱柱的特征面，底面是几边形即为几棱柱，底面为正多边形的直棱柱称为正棱柱。

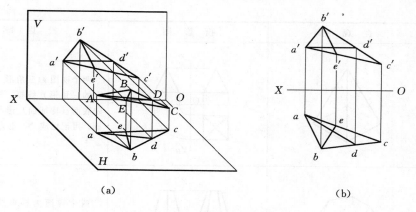

（a）　　　　　　　　　　　　　　　　（b）

图 1-25 平面内的坡度线

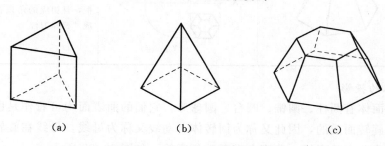

（a）　　　　　　　　（b）　　　　　　　　（c）

图 1-26 常见平面体的形体特征

（2）棱锥。棱锥有直棱锥和斜棱锥两种形式，锥顶点与底面重心的连线称为棱锥的轴线，轴线垂直于底面为直棱锥，轴线倾斜于底面为斜棱锥。棱锥的形体特征如图 1-26（b）所示，各棱线均相交于锥顶点，各棱面均为三角形。底面是棱锥的特征面，底面是几边形即为几棱锥，底面为正多边形的直棱锥称为正棱锥。

（3）棱台。棱台可看作用平行于棱锥底面的截平面截切锥顶后所剩下的形体。棱台的形体特征如图 1-26（c）所示，两底面为相互平行的相似多边形，各棱面均为梯形。底面是棱台的特征面，底面是几边形即为几棱台。

平面体的投影特性见表 1-10。

表 1-10　　　　　　　　　　　　　平面体的投影特性

名称	直 观 图	投 影 图	投 影 特 性
棱柱			两个视图为矩形线框（最外轮廓），第三视图为反映底面（特征面）形状的多边形线框。可记忆成"矩矩为柱"

名称	直 观 图	投 影 图	投 影 特 性
棱锥			两个视图为三角形（或几个共顶点的三角形）线框，第三视图为反映底面（特征面）形状的多边形线框。可记忆成"三三为锥"
棱台			两个视图为梯形线框（最外轮廓），第三视图为两个相似多边形线框，且相应的角顶有连线。可记忆成"梯梯为台"

2. 曲面体的投影

常见的曲面体有圆柱、圆锥、圆台、圆球等，它们的曲表面均可看作是由一条动线绕某条固定轴线旋转而成的，因此又称为回转体。动线又称为母线，母线在旋转过程中的任一具体位置称为曲面的素线。曲面上有无数条素线，如图1-27所示。

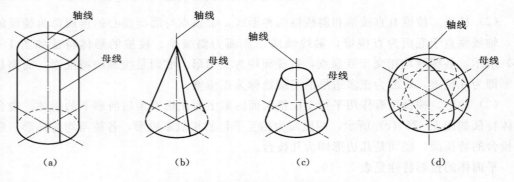

（a）　　　　　（b）　　　　　（c）　　　　　（d）

图1-27　常见曲面体的形体特征

曲面体的投影特性见表1-11。

表1-11　　　　　　　　　　曲面体的投影特性

名称	直 观 图	投 影 图	投 影 特 性
圆柱			两个视图为矩形线框（最外轮廓），第三视图为圆，反映实形。可记忆成"矩矩为柱"

续表

名称	直 观 图	投 影 图	投 影 特 性
圆锥			两个视图为三角形线框（最外轮廓），第三视图为圆，反映实形。可记忆成"三三为锥"
圆台			两个视图为梯形线框（最外轮廓），第三视图为两个同心圆，反映实形。可记忆成"梯梯为台"
圆球			三个视图均为圆，反映实形。可记忆成"三圆为球"

3. 组合体的投影

（1）组合体的组合形式。组合体是由若干的基本形体通过叠加、切割或综合等方式组合而成的，如图 1-28 所示。水工建筑物不论有多么复杂，都可以看成组合体。

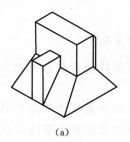 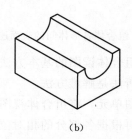 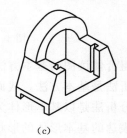

（a）　　　　　　　　　　（b）　　　　　　　　　　（c）

图 1-28　组合体的组合形式

（2）组合体各形体间的表面连接关系。组合体各形体间的表面连接关系有平齐、不平齐、相交和相切等形式，各有不同的表达方法：

1）两平面平齐，连接处无分界线。图 1-29（a）所示形体上、下两部分的左端面平齐，在左视图中两平面分界处应无线。

2）两平面不平齐，分界处应有线。图 1-29（a）所示形体上、下两部分的前端面不平齐，则在正视图中应画出其分界线。

3）两平面、平面与曲面、两曲面相交，相交处应有线。图1-29（b）所示形体左侧平面与右侧曲面相交，在正视图、左视图中均应画出其交线。

4）平面与曲面、两曲面相切，相切处应无分界线。图1-29（c）所示形体左侧平面与右侧曲面相切，在正视图、左视图中，平面与曲面相切处应无线，相应投影只画到切点处。

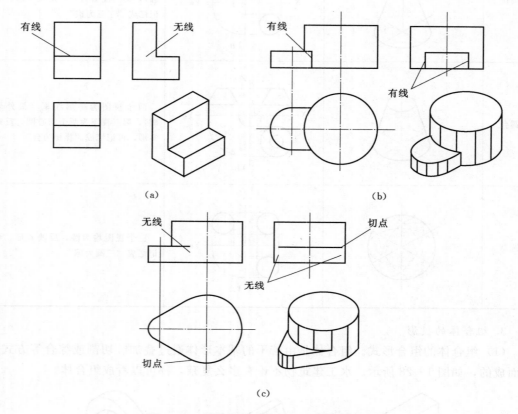

图1-29　组合体各形体间的表面连接关系

（3）组合体读图的基本方法。组合体读图的基本方法有形体分析法和线面分析法，其中形体分析法是基本方法，线面分析法是解难方法。

形体分析法是以基本形体为读图单元，将组合体视图分解为若干个简单的线框，判断各线框所表达的基本形体的形状，再根据各部分的相对位置综合想象出整体形状。

【例1-1】　根据图1-30（a）所示涵洞面墙的三视图，想象其空间形状。

1）划分组合体。该物体为叠加体，从投影重叠较少、结构关系较明显的左视图入手，结合其他视图可将其分为上、中、下三部分，如图1-30（b）所示。

2）判断各部分形状。由左视图按投影规律找出各部分在正视图、俯视图上的对应线框。如图1-30（b）所示，根据正视图、左视图"高平齐"规律，左视图中下部矩形线框对应正视图中倒放的凹字形线框，根据正视图、俯视图"长对正"规律以及左视图、俯视图"宽相等"规律，可找出俯视图中与正视图、左视图中线框相对应的矩形线框。根据平面体的投影特性"矩矩为柱"，可判断该部分空间形状为一倒放的凹形柱，正面为其特征面；左视图中中部梯形线框与正视图中梯形线框对应，与俯视图中两个相似矩形线框对应，可判断该部分为四棱台，其内部虚线对应三投影可知是在四棱台中间挖穿一个倒放的 U 形槽；上部五边形线框对应其他两视图都是矩形线框，故上部为五棱柱。各部分立体形状如图 1－30（c）所示。

3）综合想象组合体形状。由正视图可看出，四棱台和五棱柱依次放在凹形柱之上，且左右位置对称，由俯视图、左视图可看出，上、中、下三部分后边平齐，整体形状如图 1－30（d）所示。

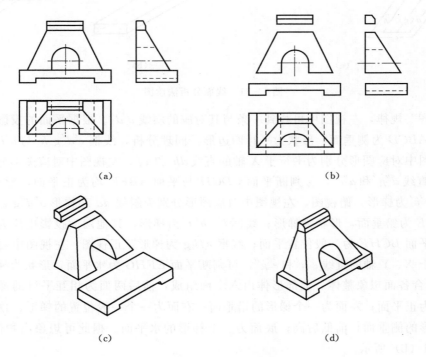

图 1－30 形体分析法读图

线面分析法是以线面为读图单元，一般不独立应用。当物体上的某部分形状与基本形体相差较大，用形体分析法难以判断其形状时，这部分的视图可以采用线面分析法读图。即将这部分视图的线框分解为若干个面，根据投影规律逐一找出各面的三投影，然后按平面的投影特征判断各面的形状和空间位置，从而综合得出该部分的空间形状。

【例 1－2】 根据图 1－31（a）所示八字翼墙的三视图，想象其空间形状。

根据正视图、左视图可看出组合体分为上、下两部分，下部正视图、左视图均为矩形，俯视图为梯形，可判断其为一块梯形柱底板，如图 1－31（b）所示。上部形体通过形体分析法不易看懂，需采用线面分析法读图。

1）划分线框。由线框较多的视图入手，将其分解为若干个线框（即平面）。如图 1－31（a）所示，正视图的上部线框可分为六个面，分别为 $a'b'c'd'$、$c'd'g'h'$、$a'd'g'e'$、$a'b'f'e'$、$b'c'h'f'$ 和 $e'f'h'g'$。

2）判断各面的形状和空间位置。线框 $a'b'c'd'$ 是平行四边形，根据正视图、俯视图"长对正"规律，俯视图中可找到一个与其对应的平行四边形 $abcd$，再根据正视图、左视

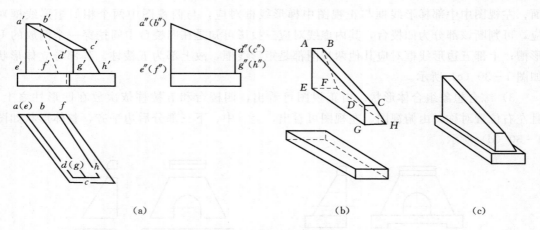

图 1-31　线面分析法读图

图"高平齐"规律，左视图中可找到一条与其对应的斜线 $a''d''$。根据平面的投影特性，可判断平面 ABCD 为侧垂面，形状为平行四边形。同理分析，线框 $c'g'h'$ 与 $a'b'f'e'$ 为梯形，俯视图中对应图形分别为平行于 X 轴的直线 dh 和 af，左视图中对应图形分别为平行于 Z 轴的直线 $d''g''$ 和 $a''e''$，可判断平面 CDGH 与平面 ABFE 均为正平面，形状为梯形；线框 $a'd'g'e'$ 为梯形，俯视图、左视图中对应图形分别为斜线 ad 和梯形 $a''d''g''e''$，可判断平面 ADGE 为铅垂面，形状为梯形；线框 $b'c'h'f'$ 为梯形，其他两面投影也均为梯形，因此可判断平面 BCHF 为一般位置平面；线框 $efhg$ 为梯形，正视图、左视图中对应图形分别为平行于 X、Y 轴的直线 $e'h'$ 和 $e''g''$，可判断平面 EFHG 为水平面，形状为梯形。

3）组合各面想象整体。上部形体由六个面组成，前后两面为相互平行的梯形，前小后大，均为正平面；左面为一个梯形的铅垂面；右面为一个一般位置的梯形；顶面为一个平行四边形的侧垂面，前低后高；底面为一个梯形的水平面。据此可想象出物体的形状，如图 1-31（b）所示。

最后再回到形体分析法综合想象组合体形状，梯形柱底板在下，翼墙在上，后面平齐，如图 1-31（c）所示。

<h1 style="text-align:center">工作任务三　水工图的表达方法</h1>

一、视图

物体向投影面投影所得的图形称为视图，视图中一般只画出物体的可见轮廓线，必要时可用虚线画出不可见轮廓线。视图分基本视图和特殊视图。

1. 基本视图

物体向六个基本投影面投影所得的视图称为基本视图。六个基本视图的名称分别为正视图、俯视图、左视图、右视图、仰视图、后视图。俯视图也称为平面图，正视图、左视图、右视图、后视图也称为立面图（或立视图）。六个基本视图的配置关系如图 1-32 所示。

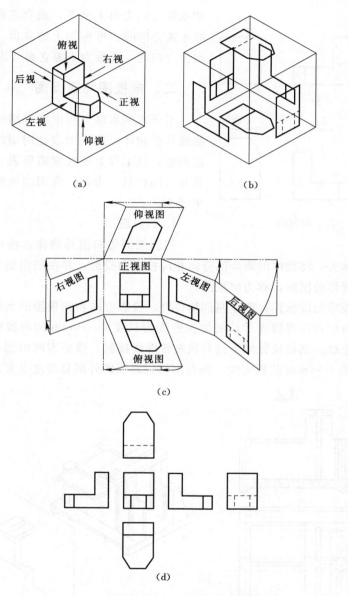

图 1－32　基本视图的形成、展开与配置

　　图样中每个视图一般均应标注其名称，但若在同一张图纸内基本视图按图 1－32 配置时，可不标注视图的名称。视图名称一般标注在图形的上方，并在图名下方绘制一条粗横线，其长度应超出视图名称长度前后各 3～5mm。

　　2. 特殊视图

　　当需要不按基本视图投影方向绘制视图时，可绘制特殊视图。此时必须在相应的视图附近用箭头指明投影方向并标注字母，同时在特殊视图上方标注"×向"或"×向（旋转）"，如图 1－33 所示。

　　对于河流，规定视向与河流水流方向一致时，左边称左岸，右边称右岸。图样中一般

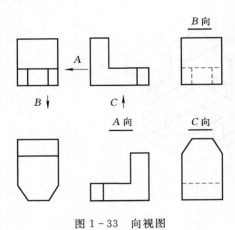

图 1-33　向视图

使水流方向为自上向下，或自左向右。当视图视向顺水流方向时，可称为上游立面（或立视）图；逆水流方向时，可称为下游立面（或立视）图。

二、剖视图与断面图

对于水利水电工程中内部结构比较复杂的建筑物或其他物体，用视图表达时虚线较多，不便于识读理解，且工程上还经常需要表示结构的断面形状及其所用材料，为此，常用剖视图与断面图的方法来表达。

1. 剖视图

用假想剖切面剖开物体，将位于观察者和剖切面之间的部分移去，将物体的剩余部分向相应投影面投射，并在剖切面与物体的接触部分画上材料符号所得的图形，称为剖视图。

剖视图一般应加以标注，即注明剖切位置、投影方向和剖视图的名称，如图 1-34 所示。剖切位置由剖切位置线表示，剖切位置线为长度 5～10mm 的两段粗实线，画在剖切面的起始、终止处。剖切位置线不宜与视图轮廓线接触。投影方向由剖视方向线表示，剖视方向线为长度 4～6mm 的粗实线，画在剖切位置线的外端且与之垂直。

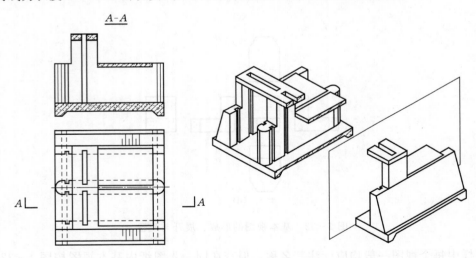

图 1-34　剖视图

剖视图的编号采用阿拉伯数字或拉丁字母，水平书写在剖视方向线的外端。剖视图的名称应书写在相应剖视图的上方，由两个数字或字母加一横线表示，如"1-1""A-A"等。在工程图中，剖视图也可采用其他命名形式，如"纵剖视图""横剖视图"等。

在剖视图的标注中，如剖视图按投影关系配置，中间又无其他图形隔开时，可省略剖视方向线；当剖切面通过物体的对称平面或基本对称平面，且剖视图按投影关系配置，中间无其他图形隔开时，可省略标注。

剖视图按剖切范围可分为全剖视图、半剖视图和局部剖视图；因剖切面的个数与形式不同又分为阶梯剖视图、旋转剖视图、复合剖视图和斜剖视图等。

（1）全剖视图。全剖视图是用剖切面完全地剖开物体所得的剖视图，主要用于表达外形简单、内部结构比较复杂且不对称的物体，如图1-34所示。

（2）半剖视图。当物体具有对称平面时，可在其形状对称的视图上，以对称线为分界，一半画成剖视图，表达内部结构；另一半画成视图，表达外部形状，这样合成的视图称为半剖视图。半剖视图主要用于内外形状均要表达的对称或基本对称的结构，如图1-35所示。

（3）局部剖视图。用剖切面局部地剖开物体所得的剖视图称为局部剖视图，主要用于物体主体结构已表达清楚而内部的局部没表达清楚的物体。局部剖视图用波浪线与视图分界，波浪线不应与图样中的其他图线重合。局部剖视图如图1-36所示。

（4）阶梯剖视图。用阶梯形状的剖切面剖切物体所形成的剖视图称为阶梯剖视图。采用阶梯剖视，可以表达不同部位的内部结构，如图1-37所示。特别注意：阶梯剖视图中，各个剖切面的转折处无分界线。剖切位置明显的，转折处可省略字母。

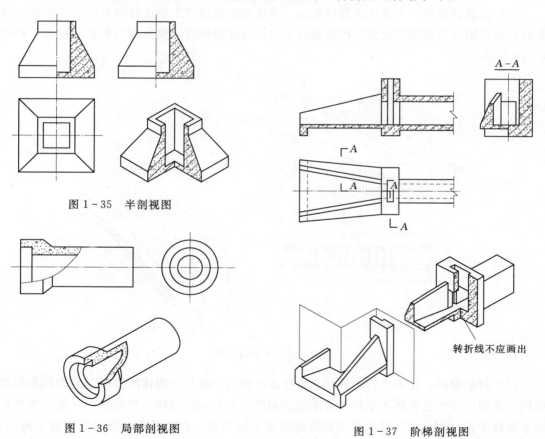

图1-35　半剖视图

图1-36　局部剖视图

图1-37　阶梯剖视图

（5）旋转剖视图。用旋转剖切面剖切物体所形成的剖视图称为旋转剖视图。如图1-38所示的渠段，由于干渠转折，如果用一个剖切平面剖切，支渠进口的投影则无法反映实形。因此，假想用两个相交的铅垂面剖开干渠，然后将倾斜于正立面的干渠和支渠进口旋转到与正立面平行，再进行投影，即得渠段的旋转剖视图。

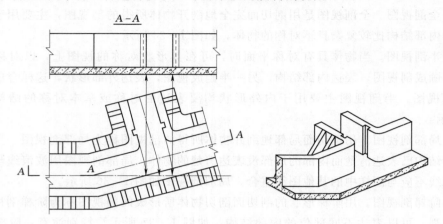

图 1-38　旋转剖视图

（6）复合剖视图。当物体内部较复杂，单独用阶梯剖视图和旋转剖视图仍不能表达清楚时，可采用组合的剖切面剖开物体进行表达，由此形成的剖视图称为复合剖视图，如图1-39 所示。

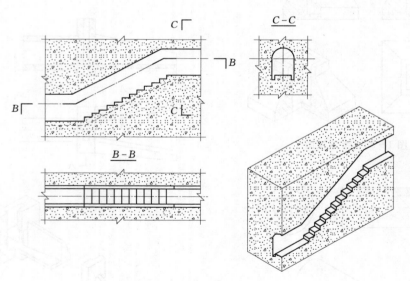

图 1-39　复合剖视图

（7）斜剖视图。用不平行于任何基本投影面的剖切面剖开物体所得的剖视图称为斜剖视图，主要用于表达物体不平行于基本投影面的实形断面的结构。斜剖视图一般配置在投影方向线所指一侧，并与基本视图保持对应的投影关系，必要时也可以将图形转正画出，但要在图名后加注"旋转"符号，如图 1-40 所示。

2. 断面图

用假想剖切面剖开物体，仅画出断面形状和断面处的材料符号，这种图形称为断面

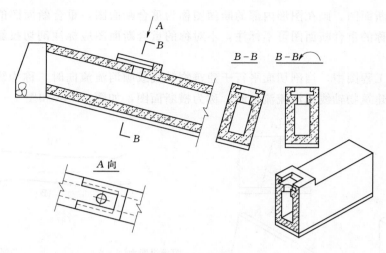

图 1-40　斜剖视图

图。断面图常用来表达形体简单的结构，如大坝的纵横断面、翼墙、排架、挡土墙、工作桥、涵管、梁和柱等。根据断面图的位置配置不同，可分为移出断面图和重合断面图两种。

（1）移出断面图。画在图形之外的断面图称为移出断面图，如图 1-41 所示。

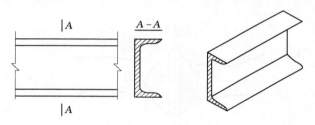

图 1-41　移出断面图

移出断面图的轮廓线用粗实线绘制。移出断面图的标注方法与剖视图相同，只是编号所在的一侧表示剖切后的投影方向。当断面图形对称，移出断面图配置在剖切位置线的延长线上或配置在视图中断处时，可省略标注，如图 1-42 所示。

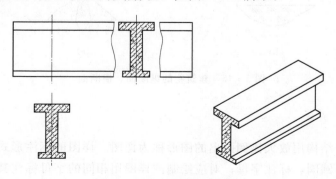

图 1-42　对称的移出断面图

（2）重合断面图。画在图形内部的断面图称为重合断面图，重合断面图的轮廓线用细实线绘制。对称的重合断面图可不标注，不对称的重合断面图应标注剖切投影方向，如图1-43所示。

水利水电工程图中，当剖切面平行于建筑物轴线或顺河流流向时，称为纵断面图；当剖切面垂直于建筑物轴线或河流流向时，称为横断面图，如图1-44和图1-45所示。

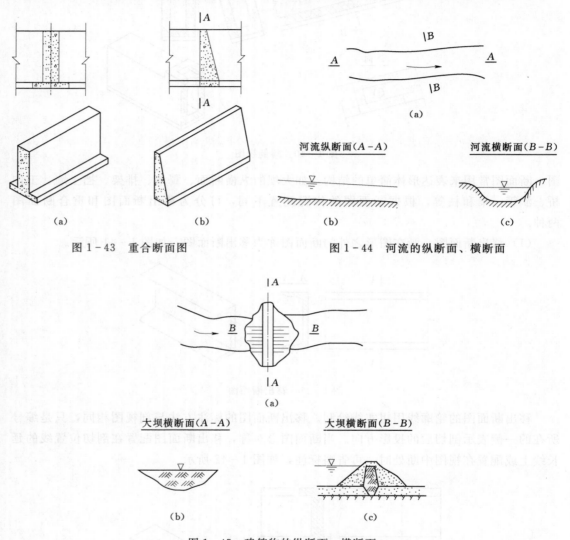

图1-43　重合断面图　　　　图1-44　河流的纵断面、横断面

图1-45　建筑物的纵断面、横断面

三、详图

将物体的部分结构用放大比例画出的图形称为详图。详图的标注形式为：在被放大部分处用细实线画小圆圈，标注字母；对应绘制的详图用相同的字母标注其图名，并注写放大后的比例，如图1-46所示。详图可以画成视图、剖视图、断面图，也可以是一组（两个或两个以上）视图，它与被放大部分的表达方式无关。

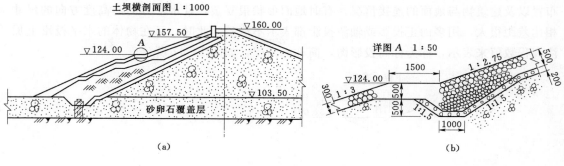

图 1-46 详图

四、轴测图

轴测图是一种单面投影图，在一个投影面上能同时反映出物体三个坐标面的形状，并接近于人们的视觉习惯，形象、逼真，富有立体感。但是轴测图一般不能反映物体各表面的实形，因而度量性差，同时作图较复杂。因此，在工程上常把轴测图作为辅助图样，来帮助构思、想象物体的形状。

根据投射方向与轴测投影面的相对位置不同，轴测图可分为正轴测图和斜轴测图两类。正轴测图和斜轴测图按轴向变形系数是否相等又可分为正（斜）等轴测图和正（斜）二轴测图。工程上常用的是正等轴测图和斜二轴测图两种，它们的特点见表 1-12。

表 1-12 正等轴测图与斜二轴测图

种类	示　例	轴　间　角	轴向伸缩系数
正等轴测图		$120°$ $90°$ $30°q$ $120°$	轴向伸缩系数 $p=q=r=0.82$ 简化系数 $p=q=r=1$
斜二轴测图		$90°$ $135°$ $135°$	轴向伸缩系数 $p=r=1$ $q=0.5$

五、标高图

在水利工程建筑物的设计和施工中，常需要绘制地形图，并在图上表示工程建筑物的布置以及建筑物与地面的连接情况。有时地面形状很复杂，且水平方向与高度方向的尺寸相比差距很大，用多面正投影或轴测投影都表示不清楚。此时，可在物体的水平投影上加注高程数值来表示，称为标高投影图，简称标高图，如图1-47所示。

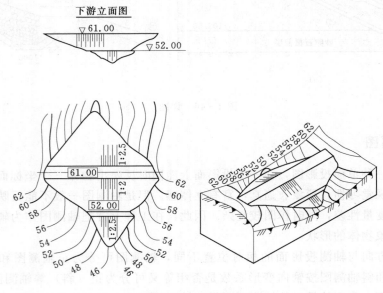

图1-47 标高图

标高图中的地形等高线用细实线绘制。每5条地形等高线中的第5条线称为计曲线，用中粗实线绘制。计曲线标高值的尾数应为5或10的倍数。地形等高线高程数字的字头，一般朝向高程增加的方向。

标高图中的坡边线，即坡面与地面的交线，用粗实线绘制。根据坡面是开挖或填筑，坡边线分为开挖坡边线（简称开挖线）和填筑坡边线（简称坡脚线）。

标高图中用示坡线来表示斜坡下降的方向。示坡线从标高值大的等高线向标高值小的等高线用长短相间且为等距的细实线绘制，允许仅绘制一部分。

标高投影的平面图与立面图应符合投影对应关系，立面图、剖视图中不画地形等高线。

六、水工图的习惯画法

1. 省略画法

当图形对称时，可以只画对称的1/2或1/4，但须在对称轴上加注对称符号，对称符号用细实线绘制，画法如图1-48所示。

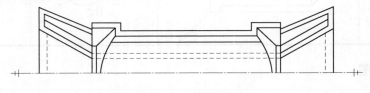

图1-48 省略画法

在不影响图样表达的情况下，根据不同设计阶段和实际需要，视图和剖视图中某些次要结构和设备可以省略不画。

2. 简化画法

对图样中的某些机电设备和一些呈规律分布的细小结构可以简化绘制，如图 1-49（a）中排水孔的画法。

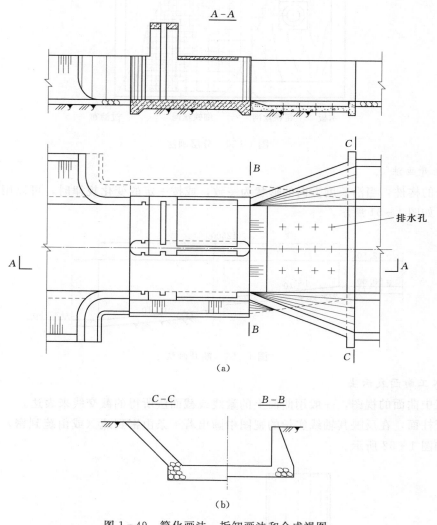

（a）

（b）

图 1-49 简化画法、拆卸画法和合成视图

3. 拆卸画法

当视图、剖视图中所要表达的结构被另外的结构或填土遮挡时，可假想将其拆掉或掀掉，然后再进行投影。如图 1-49（a）所示平面图中，对称轴下半部的桥面板被假想拆掉，填土被假想掀掉。

4. 合成视图

对称或基本对称的图形，可将两个相反方向的视图、剖视图或断面图各画对称的 1/2，并以对称轴为界，合成一个图形。如图 1-49（b）中 $B-B$ 和 $C-C$ 合成剖视图。

5. 分层画法

当结构有层次时，可按其构造层次分层绘制，相邻层用波浪线分界，并用文字注明各层结构的名称或说明，如图 1-50 所示。

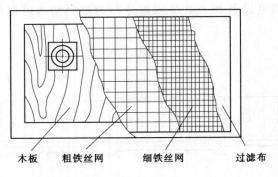

木板　　粗铁丝网　　　细铁丝网　　　过滤布

图 1-50　分层画法

6. 断开画法

较长的构件，当沿长度方向的形状为一致，或按一定的变化规律时，可以用折断线断开绘制，如图 1-51 所示。

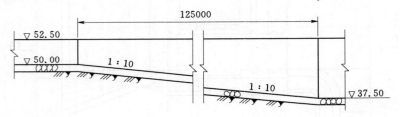

图 1-51　断开画法

7. 水工曲面表示法

水工中曲面的视图，一般用曲面上的素线或截面法所得的截交线来表达。

对于柱面，在反映其轴线实长的视图中画出若干条由密到疏（或由疏到密）的直素线表示，如图 1-52 所示。

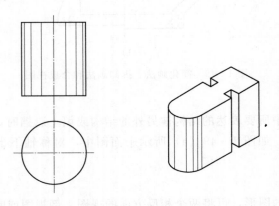

图 1-52　柱面的画法

对于锥面，在反映其轴线实长的视图中画出若干条由密到疏（或由疏到密）的直素线表示，在反映锥底圆弧实形的视图中画出若干条均匀的放射状直素线表示，也可在锥面的各视图中画出若干条示坡线表示，如图1-53所示。

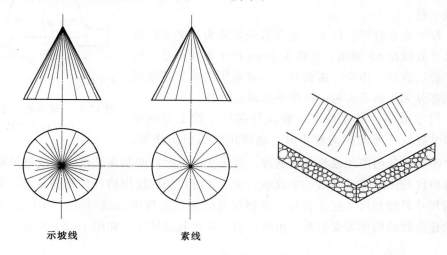

示坡线　　　　　　　素线

图1-53　锥面的画法

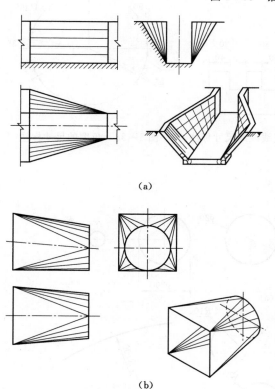

（a）

（b）

图1-54　渐变面的画法

　　对于由扭面构成的渐变面及由方（或矩）形变到圆形的方圆渐变段，可用直素线表示，如图1-54所示。

七、水工图的标注

　　建筑物及构件的真实大小应以图样上所注的尺寸数值为准，与图形的大小及绘图的准确度无关。图样中标注的尺寸单位，除标高、桩号以m为单位外，其余尺寸以mm为单位，图中不必说明。若采用其他尺寸单位时，则必须在图纸中加以说明。

　　1. 尺寸的一般标注方法

　　（1）尺寸界线。尺寸界线用细实线绘制，一般自图形的轮廓线、轴线或中心线处引出，与被标注的线段垂直。轮廓线、轴线或中心线也可以作为尺寸界线。引出线与轮廓线之间一般留有2~3mm间隙，并超出尺寸线2~3mm。

　　在有连接圆弧的光滑过渡处标注尺寸时，应从图线延长部分的交点引出尺寸界线，如图1-55所示。

（2）尺寸线。尺寸线用细实线绘制，其两端应指到尺寸界线。图样中的轮廓线、轴线或中心线等其他图线及其延长线均不能作为尺寸线。标注线性尺寸时，尺寸线必须与被标注的线段平行。

（3）尺寸起止符号。尺寸起止符号采用箭头，必要时可以用与尺寸界线呈45°倾角，长度为3mm的细实线表示。标注圆弧半径、直径、角度、弧长时，一律采用箭头。连续尺寸的中间部分无法画箭头时，可用小黑圆点代替。

（4）尺寸数字。尺寸数字一般注写在尺寸线上方的中部，当尺寸界线之间的距离较小时，也可用引线引出注写。

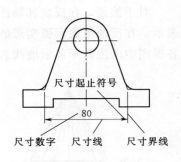

图1-55　圆弧光滑过渡处的尺寸标注方法

尺寸数字不可被任何图线或符号所通过，当无法避免时，必须将其他图线或符号断开。

对称构件的图形若只画出1/2或略大于1/2时，仍应注出构件的整体尺寸，但只需画出一端的尺寸界线和尺寸起止符号，且使尺寸线超过对称中心线稍许，如图1-56所示。当较长的建筑物或构件需要折断绘出时，仍应注出其总尺寸，如图1-51所示。

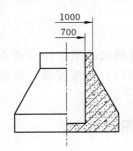

图1-56　对称构件的尺寸注法

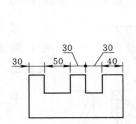

图1-57　直线段的尺寸标注

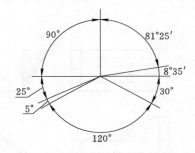

图1-58　角度的尺寸标注

2. 常见尺寸标注方法

（1）直线段的尺寸标注如图1-57所示。

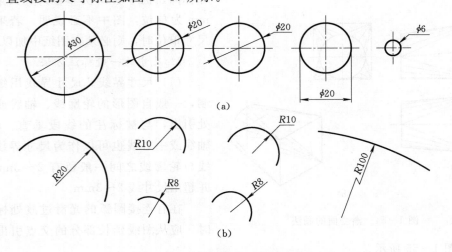

图1-59　圆和圆弧的尺寸标注

（2）角度的尺寸标注如图1-58所示。

（3）圆和圆弧的尺寸标注如图1-59所示。

3. 坡度的标注方法

坡度的标注形式一般采用$1:n$的形式。当坡度较缓时，可用百分数表示，如$i=n\%$。此时，在相应的图中应画出箭头，以示下坡方向，如图1-60所示。

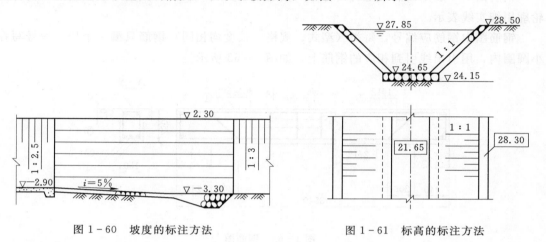

图1-60 坡度的标注方法

图1-61 标高的标注方法

4. 标高的标注方法

立视图和铅垂方向的剖视图、断面图中，标高符号为等腰直角三角形，用细实线绘制。标高符号的直角尖端可以向下指，也可以向上指，但尖端必须与被标注高度的轮廓线或引出线接触。标高数字一律注写在标高符号的右边。平面图中的标高符号为矩形线框。当图形较小时，可将符号引出绘制，如图1-61所示。

必要时（如水力机械图中），标高符号也可用代号 EL 表示，此时立面图、平面图及说明书中均用此文字符号 EL 表示。

5. 桩号的标注方法

桩号的标注形式为 km±m，km 为千米数，m 为米数。起点桩号为0+000.000，起点桩号之前标注成 km−m，起点桩号之后标注成 km+m。桩号数字一般垂直于定位尺寸方

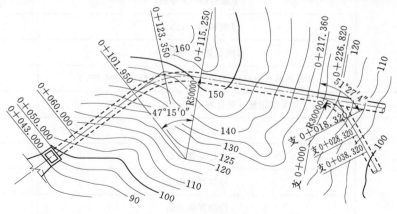

图1-62 桩号的标注方法

向或轴线方向注写，且统一标注在其同一侧；当轴线为折线时，转折点处的桩号数字应重复标注。当同一图中几种建筑物采用不同桩号系统时，应在桩号数字之前加注文字以示区别。当平面轴线为曲线时，桩号沿径向设置，桩号数字应按弧长计算，如图 1-62 所示。

6. 钢筋图的标注方法

钢筋图中一般不画混凝土材料符号，钢筋用粗实线、钢筋的截面用小黑圆点、构件的轮廓用细实线表示。

钢筋图中钢筋应编号，每类（型式、规格、长度均相同）钢筋只编一个号。编号写在小圆圈内，用引出线引到相应的钢筋上，如图 1-63 所示。

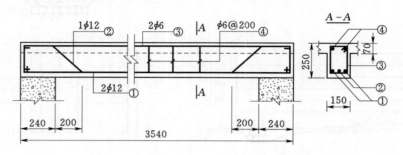

图 1-63　钢筋图

钢筋图中钢筋的尺寸标注形式如图 1-64 所示。图中小圆圈内填写编号数字，n 为钢筋的根数，ϕ 为钢筋直径及种类的代号（各种钢筋符号见表 1-13），d 为钢筋直径的数值，@为钢筋间距的代号，s 为钢筋间距的数值。

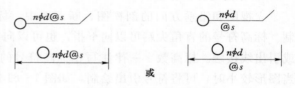

图 1-64　钢筋尺寸标注形式

表 1-13　　　　　　　　　　　钢 筋 种 类 及 符 号

序　　号	钢 筋 种 类	符　号
1	Ⅰ级钢筋（3号钢）	Φ
	Ⅱ级钢筋（16Mn）	Φ
	Ⅲ级钢筋（25Mn2Si）	Φ
	Ⅳ级钢筋（44Mn2Si，45Si2Ti，40Si2V，45MnSiV）	Φ
2	Ⅴ级钢筋（热处理 44Mn2Si，45MnSiV）	Φ'
3	冷拉Ⅰ级钢筋	Φ'
	冷拉Ⅱ级钢筋	Φ'
	冷拉Ⅲ级钢筋	Φ'
	冷拉Ⅳ级钢筋	Φ'

单根钢筋的标注形式如图 1-65 所示，图中 l 为单根钢筋的总长。

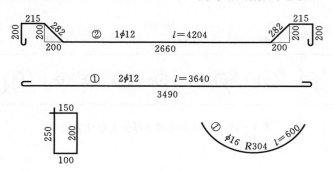

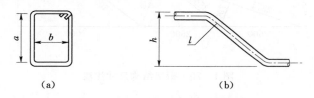

图 1-65 单根钢筋的标注

钢箍尺寸一般指内皮尺寸，弯起钢筋的弯起高度一般指外皮尺寸，单根钢筋的长度一般是指钢筋中心线的长度，如图 1-66 所示。

(a)　　　　　　　　　　(b)

图 1-66 钢箍和弯起钢筋的尺寸

7. 简化标注方法

(1) 多层结构尺寸的注法。用引出线引出多层结构的尺寸时，引出线必须垂直通过被引的各层，文字说明和尺寸数字应按结构的层次注写，如图 1-67 所示。

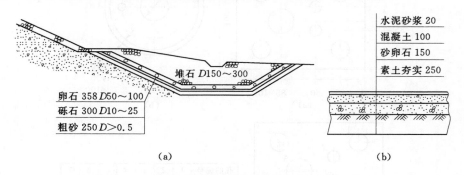

(a)　　　　　　　　　　(b)

图 1-67 多层结构尺寸注法

(2) 在同一图形中均匀分布的相同构件或构造，可按图 1-68 所示形式标注。

(3) 在同一图形中具有几种尺寸数值相近而又重复出现的孔时（如螺栓孔等），可按尺寸采用字母分类，并采用孔数乘以孔径的方式直接标注在图形上，如图 1-69 所示。

(4) 杆件（或管线）的单线图的尺寸，可将其杆

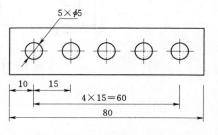

图 1-68 相同构造尺寸注法

37

件（或管线）长度尺寸直接标注在杆件（或管线）的一侧，并与杆件轴线平行，如图 1-70 所示。

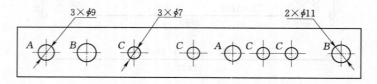

图 1-69 不同构造用字母分类标注方法

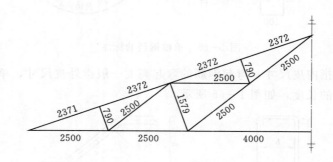

图 1-70 桁架结构尺寸注法

（5）由同一基准出发的尺寸，可按图 1-71 所示的形式标注。

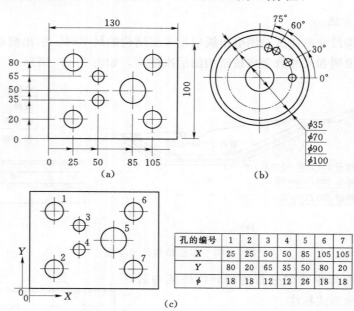

孔的编号	1	2	3	4	5	6	7
X	25	25	50	50	85	105	105
Y	80	20	65	35	50	80	20
ϕ	18	18	12	12	26	18	18

图 1-71 从同一基准出发的尺寸注法

【练习】完成以下识图练习。

1. 已知物体的轴测图，选择正确的三视图。（　　　）

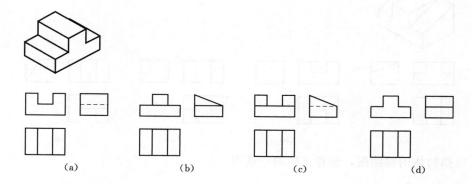

| (a) | (b) | (c) | (d) |

2. 已知物体的轴测图，选择正确的三视图。（　　　）

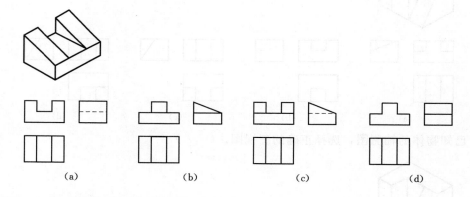

| (a) | (b) | (c) | (d) |

3. 已知物体的轴测图，选择正确的三视图。（　　　）

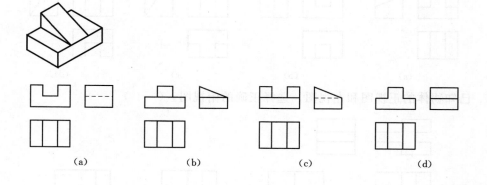

| (a) | (b) | (c) | (d) |

4. 已知物体的轴测图，选择正确的三视图。（ ）

(a)   (b)   (c)   (d)

5. 已知物体的轴测图，选择正确的三视图。（ ）

(a)   (b)   (c)   (d)

6. 已知物体的轴测图，选择正确的三视图。（ ）

(a)   (b)   (c)   (d)

7. 已知物体的正视图和左视图，选择正确的俯视图。（ ）

(a)   (b)   (c)   (d)

8. 已知物体的正视图和左视图，选择正确的俯视图。（ ）

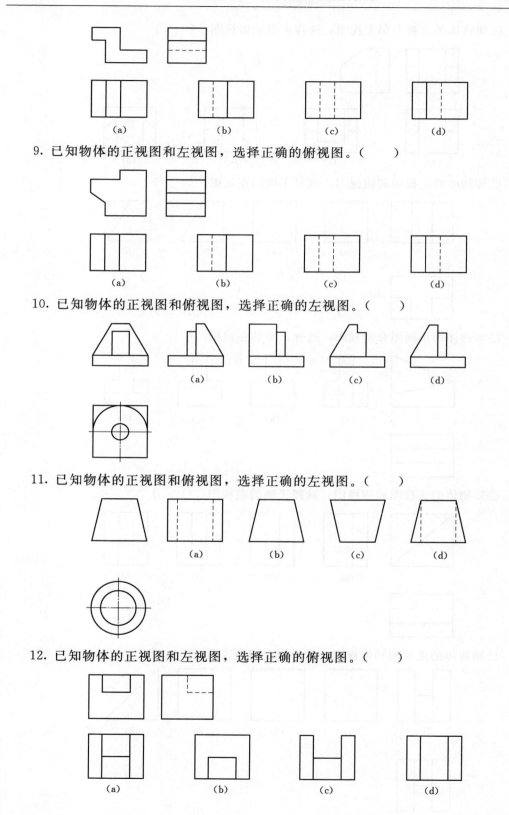

13. 已知物体的正视图和左视图，选择正确的俯视图。（　　）

(a)　　　　　　(b)　　　　　　(c)　　　　　　(d)

14. 已知物体的正视图和俯视图，选择正确的左视图。（　　）

(a)　　　　(b)　　　　(c)　　　　(d)

15. 已知物体的正视图和俯视图，选择正确的左视图。（　　）

(a)　　　　(b)　　　　(c)　　　　(d)

16. 已知物体的正视图和俯视图，选择正确的左视图。（　　）

(a)　　　　(b)　　　　(c)　　　　(d)

17. 已知物体的正视图和俯视图，选择错误的左视图。（　　）

(a)　　　　(b)　　　　(c)　　　　(d)

18. 已知物体的正视图和俯视图，选择错误的左视图。（　　　）

　　　　　　(a)　　　　　(b)　　　　　(c)　　　　　(d)

19. 已知物体的正视图和俯视图，选择正确的左视图。（　　　）

　　　　　　(a)　　　　　(b)　　　　　(c)　　　　　(d)

20. 已知物体的正视图和俯视图，选择正确的左视图。（　　　）

　　　　　　(a)　　　　　(b)　　　　　(c)　　　　　(d)

21. 已知物体的正视图和俯视图，选择正确的左视图。（　　　）

　　　　　　(a)　　　　　(b)　　　　　(c)　　　　　(d)

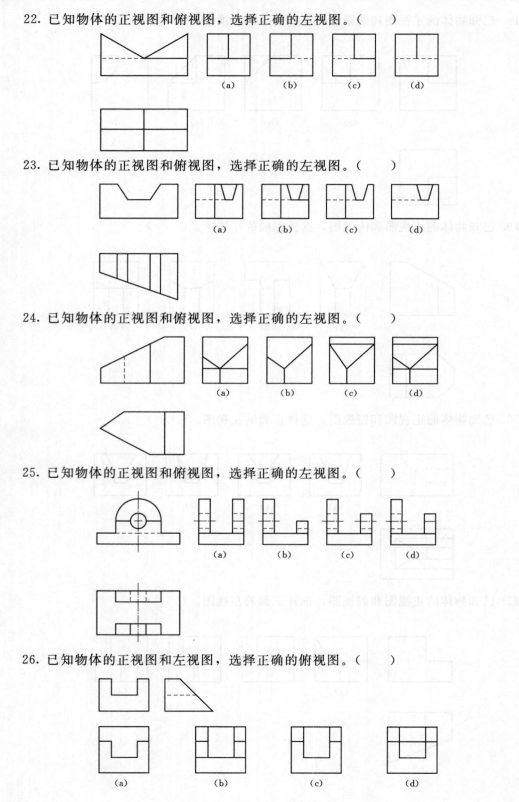

27. 已知物体的正视图和俯视图，选择正确的左视图。（　　）

28. 已知物体的正视图和俯视图，选择正确的左视图。（　　）

29. 已知物体的正视图和俯视图，选择正确的左视图。（　　）

30. 已知物体的正视图和左视图，选择正确的俯视图。（　　）

31. 已知物体的正视图和左视图，选择正确的俯视图。（　　）

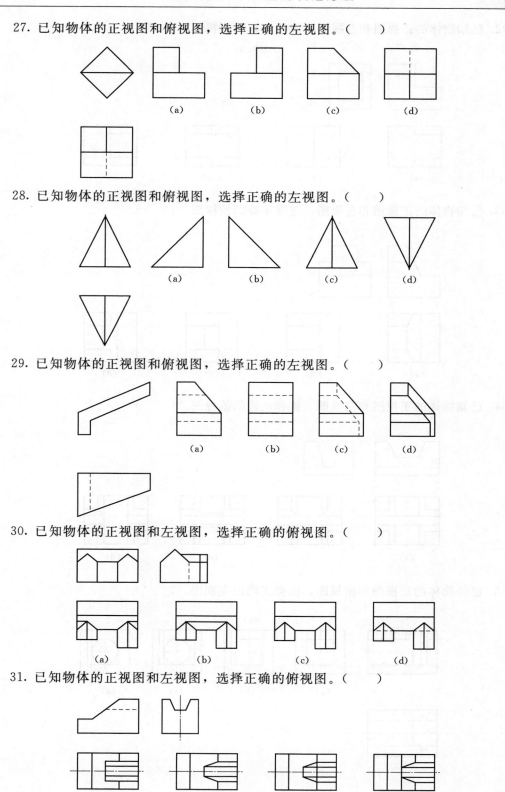

32. 已知物体的正视图和左视图，选择正确的俯视图。（ ）

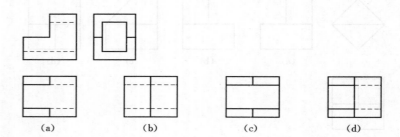

(a)　　　　　　(b)　　　　　　(c)　　　　　　(d)

33. 已知物体的正视图和左视图，选择正确的俯视图。（ ）

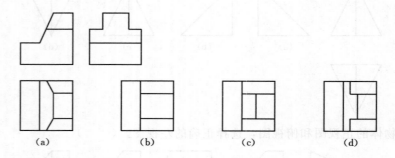

(a)　　　　　　(b)　　　　　　(c)　　　　　　(d)

34. 已知物体的正视图和左视图，选择正确的俯视图。（ ）

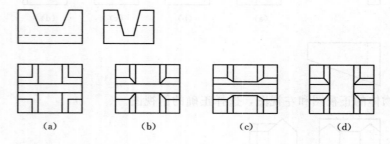

(a)　　　　　　(b)　　　　　　(c)　　　　　　(d)

35. 已知物体的正视图和俯视图，选择正确的左视图。（ ）

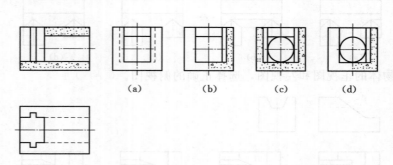

(a)　　　　　　(b)　　　　　　(c)　　　　　　(d)

36. 已知物体的正视图和俯视图，选择正确的断面图。（　　）

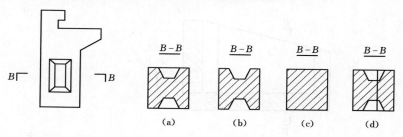

37. 选择正确的重合断面图。（　　）

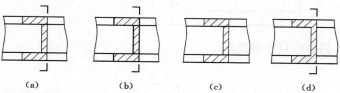

　(a)　　　　　　(b)　　　　　　(c)　　　　　　(d)

38. 选择正确的局部视图。（　　）

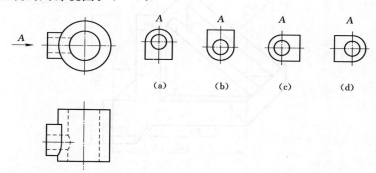

　(a)　　　　　(b)　　　　　(c)　　　　　(d)

39. 读图，补绘 $B-B$ 全剖视图。

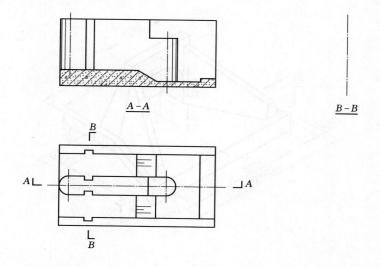

40. 读图，补绘 $B-B$ 半剖视图。

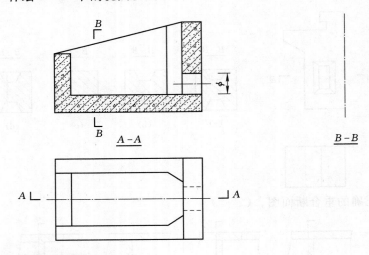

$A-A$

$B-B$

41. 以适当比例抄绘以下轴测图。

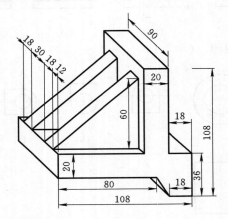

42. 以适当比例抄绘以下轴测图。

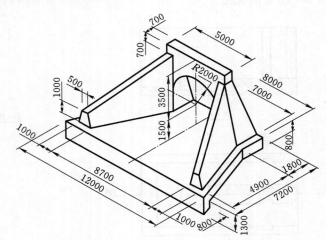

43. 已知地形图上坝轴线的位置，试根据土坝设计断面图作出土坝坡脚线，并作 A -
A 地形断面图。

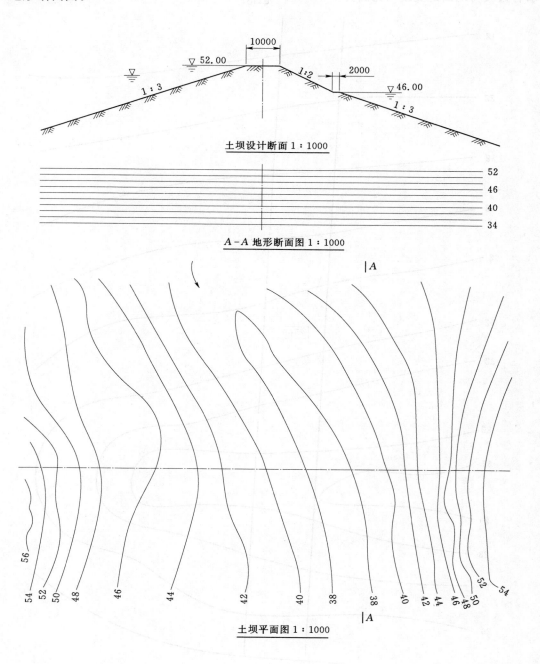

49

44. 在山坡上修筑一条道路，路面高程 25m，挖方边坡为 1 : 1，填方边坡为 1 : 1.5，求各边坡与地面的交线（比例为 1 : 200）。

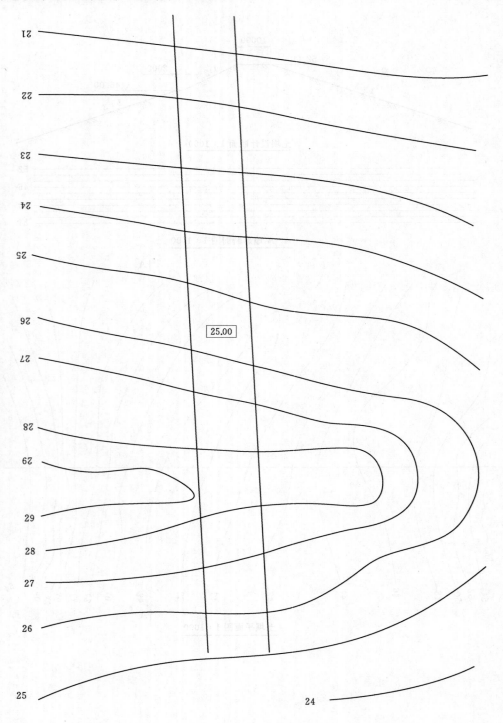

学习情境二 典型水工建筑物图的识读

工作任务一 渠 道 图 识 读

灌溉渠道一般可分为干、支、斗、农、毛五级，其中，前四级为固定渠道，毛渠则多为临时性渠道。一般干、支渠主要起输水作用，称为输水渠道；斗、农渠主要起配水作用，称为配水渠道。

一、渠道横断面

渠道横断面的形状常用梯形，它便于施工并能保持渠道边坡的稳定，如图2-1（a）、（b）所示；在坚固的岩石中开挖渠道时，宜采用矩形断面，如图2-1（c）、（d）所示；当渠道通过城镇工矿区或斜坡地段，渠宽受到限制时，可采用混凝土等材料砌护，如图2-1（e）、（f）所示；深挖方渠道横断面宜采用复式断面，如图2-1（g）所示。

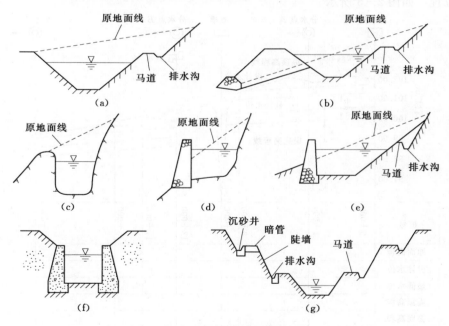

图 2-1 渠道断面图

【例 2-1】 识读如图 2-2 所示混凝土梯形明渠横断面典型设计图。

本图为现浇混凝土梯形明渠横断面典型设计图。渠道底宽为 b，两侧边坡系数均为 $1:1$，设计水深 h，设计超高 h'。渠道断面结构综合考虑了防渗、防冻胀、防扬压等多种因素，采用了现浇混凝土板衬砌、复合土工膜防渗、聚苯乙烯泡沫板保温、逆止式排水器

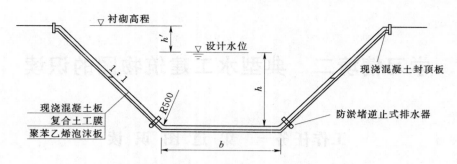

图 2-2　现浇混凝土梯形明渠横断面典型设计图

减压。实际应用中，应视不同地区具体情况相应取舍。如南方等气温相对较高的地区，可不设置保温层；对于地下水位相对较低的地区，可不设置减压排水设施；对于黏土等渗透系数较小的渠道，可不设置防渗层。

二、渠道纵断面

渠道纵断面图主要内容包括确定渠道纵坡、渠底高程线、堤顶高程线、正常水位线、最低水位线、最高水位线、渠道沿程地面高程线以及渠道沿程设置的各类水工建筑物与分水点的位置，如图 2-3 所示。

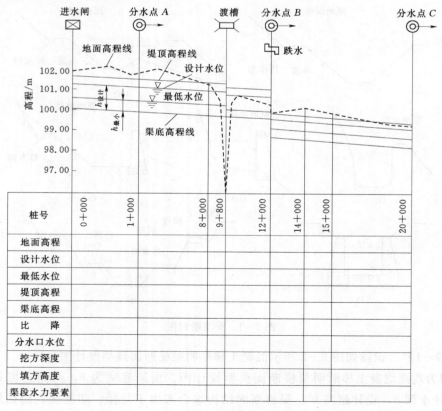

图 2-3　渠道纵断面图

工作任务二 大坝图识读

坝的类型很多，按筑坝材料可分为土石坝、混凝土坝、木坝、钢坝、橡胶坝等；按结构特点可分为重力坝、拱坝、支墩坝。此外，还有两种或多种坝构成的混合坝型。常见的主要坝型有土石坝和混凝土坝两大类。

一、土石坝图

土石坝泛指由当地土料、石料或混合料，经过抛填、碾压等方法堆筑成的挡水坝。土石坝坝体断面通常为上窄下宽的梯形，结构简单、抗震性能好，除干砌石坝外均可机械化施工，对地形和地质条件适应性强。

当坝体材料以土石砂砾为主时，称为土坝；以石渣、卵石、爆破石料为主时，称为堆石坝。用单一土料填筑的土坝称为均质土坝，如图 2-4（a）所示；由几种不同土料筑成的土坝称为多种土质坝，如图 2-4（b）所示；当土石材料均占相当比例时，称为土石混合坝，如图 2-4（c）所示；防渗体位于坝体中部的称为心墙坝，如图 2-4（d）所示；防渗体靠近土坝坝体上游坡的为斜墙坝，如图 2-4（e）所示；防渗体介于心墙和斜墙位置之间的称为斜心墙坝，如图 2-4（f）所示。

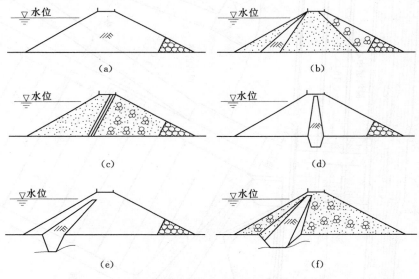

图 2-4 现浇混凝土梯形明渠横断面典型设计图

【例 2-2】 识读如图 2-5～图 2-9 所示某水电站混凝土面板堆石坝的平面布置图、上游立视图、典型断面图和坝顶结构图。

该工程枢纽主要由钢筋混凝土面板堆石坝、左岸溢洪道、右岸引水系统和岸边厂房等建筑物构成。坝轴线方位 N85°W，坝顶高程 1092.50m，坝顶宽度 10.6m，坝顶上游防浪墙高度 5.7m，防浪墙顶高程 1093.70m。上游坝坡 1∶1.4，下游坝坡 1∶1.22，并在坝后布置四道坡度为 10%、宽 10m 的上坝公路。

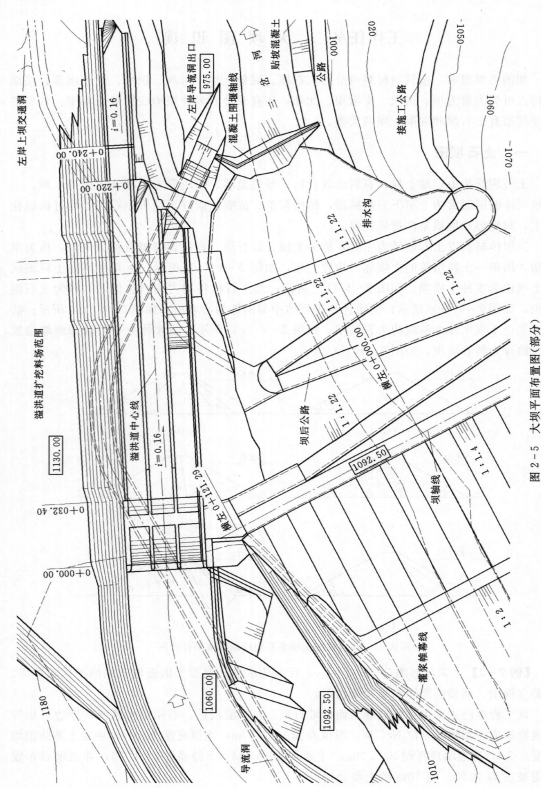

图 2-5 大坝平面布置图(部分)

左岸上坝交通洞

左岸导流洞出口 975.00

混凝土围堰轴线

三 贴坡混凝土

河 岔 公路 1000

接施工公路

1050

1060

1070

0+240.00

i=0.16

0+220.00

排水沟

1:1.22

1:1.22

1:1.22

溢洪道扩挖料场范围

溢洪道中心线

1130.00

i=0.16

0+121.29

横左 0+000.00

坝后公路

1:1.22

横左

1092.50

坝轴线

1:1.4

1:2

1:1

020

1000

1010

0+032.40

0+000.00

1060.00

1092.50

1180

导流洞

灌浆帷幕线

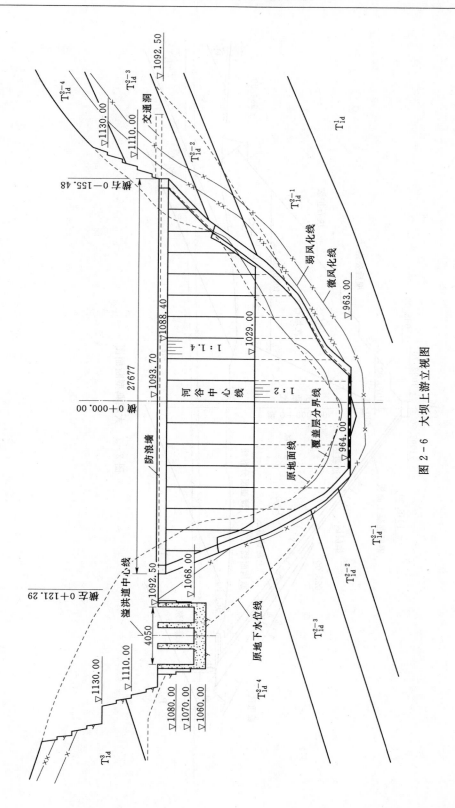

图 2 - 6 大坝上游立视图

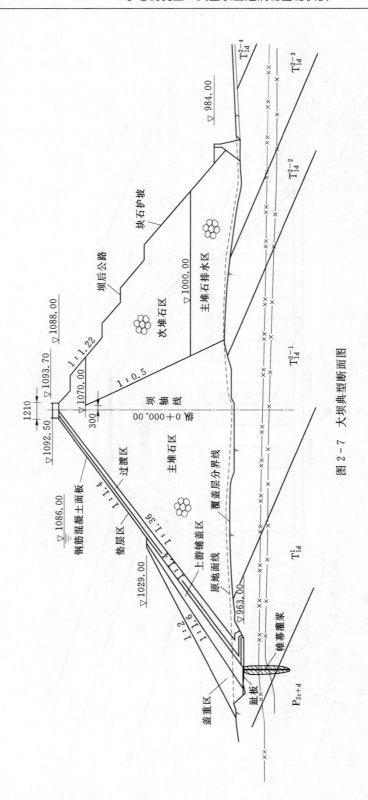

图 2 - 7　大坝典型断面图

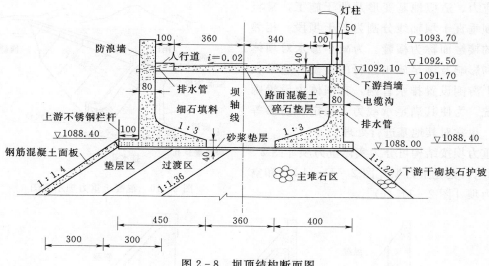

图 2-8 坝顶结构断面图

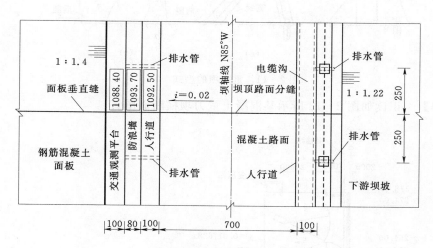

图 2-9 坝顶结构平面图

坝体从上游至下游根据使用功能和要求,其填筑材料共分七个区:垫层区、过渡区、主堆石区、次堆石区、排水堆石区、上游防渗区(混凝土面板)和防渗补强区。趾板全部坐落在弱风化灰岩上,采用平趾板布置;坝基防渗帷幕灌浆均在趾板上进行,帷幕随趾板的走向而定;面板共分18块,每块宽15m;溢洪道紧靠大坝左岸布置,为本工程唯一泄洪通道;引水系统和岸边厂房位于右岸,由于距大坝较远,本图中未得以体现。

二、混凝土坝图

混凝土坝按结构形式主要分为重力坝、拱坝和支墩坝等几种类型。

1. 重力坝

重力坝主要靠自重维持稳定,坝体断面大致呈直角三角形,如图 2-10 所示。为减小温度应力、适应地基变形及便于施工，常将重力坝垂直于坝轴线分割为若干坝段。相邻坝段的接触面称为横缝。为减小渗水对坝体的不利影响及满足施工运行的需要，通常在坝的上游侧设置排水管网，在坝体内设置廊道系统。为使其满足承载力、稳定和防渗等要求，也常对其地基进行处理。

重力坝按结构可分为实体重力坝［图 2-11（a）］、宽缝重力坝［图 2-11（b）］和空腹重力坝［图 2-11（c）］。

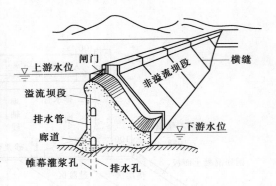

图 2-10　混凝土重力坝示意图

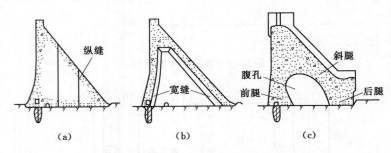

图 2-11　重力坝的型式

【例 2-3】　识读如图 2-12 所示某混凝土重力坝横断面图。

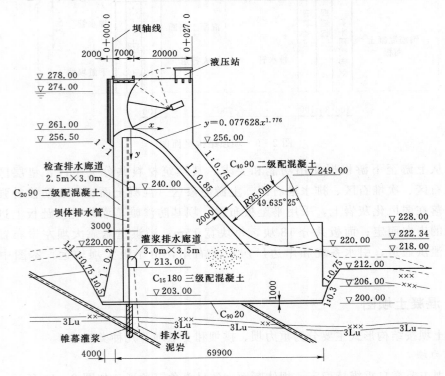

图 2-12　混凝土重力坝横断面图

58

由图中坝轴线、桩号及尺寸标注可知，堰顶宽度为 29m，其中交通桥为 7m。上游面标示出坝顶高程 278.00m 及正常蓄水位、设计洪水位等特征水位值。闸墩内部标示出闸门和液压站的示意图，可看出此重力坝采用的是弧形闸门，液压启闭。堰顶部位给出了堰顶曲线的坐标原点和堰面曲线方程，可以据此计算出堰面坐标。溢流段采用挑流式消能，挑流坎半径为 25m，挑流坎末端高程为 222.34m。坝体内部设置检查排水廊道和灌浆排水廊道，底部高程分别为 240.00m 和 213.00m，城门洞形结构。坝体内部混凝土强度等级为三级配 $C_{15}180$；上游面混凝土等级为二级配 $C_{20}90$，厚度为 3m，溢流面混凝土强度等级为二级配 $C_{40}90$，厚度为 2m，两种材料分界线位于堰顶。

2. 拱坝

拱坝是在平面上呈现凸向上游的拱形挡水建筑物，通过拱的作用将大部分水平向荷载传给两岸岩体，并主要依靠拱端反力维持稳定的坝。拱坝在空间呈壳体状，在平面上呈拱形，如图 2-13 所示。拱坝按坝体竖向曲率可分为单曲拱坝和双曲拱坝两种，其横断面如图 2-14 所示。

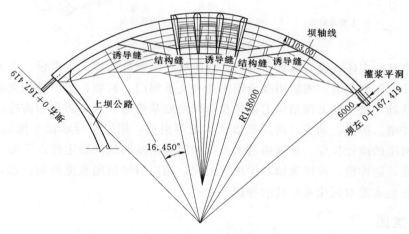

图 2-13 拱坝平面示意图

3. 支墩坝

支墩坝是由一系列倾斜的面板和支承面板的支墩所组成的坝。面板直接承受上游水压力和泥沙压力等荷载，通过支墩将荷载传给地基。支墩坝按挡水面板的形状可分为平板坝 [图 2-15 （a）]、连拱坝 [图 2-15 （b）] 和大头坝 [图 2-15 （c）]。

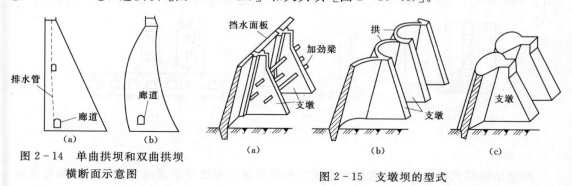

图 2-14 单曲拱坝和双曲拱坝
横断面示意图

图 2-15 支墩坝的型式

工作任务三　水 闸 图 识 读

水闸按作用可分为节制闸（拦河闸）、进水闸、排水闸、分洪闸、冲沙闸等类型；按闸室结构可分为开敞式和涵洞式两种。水闸一般由闸室、上游连接段和下游连接段三部分组成，如图 2-16 所示。

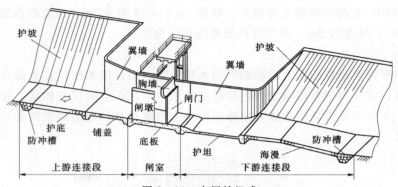

图 2-16　水闸的组成

闸室是水闸的主体，设有底板、闸门、启闭机、闸墩、胸墙、工作桥、交通桥等。闸门用来挡水和控制闸流量；闸墩用以分隔闸孔和支承闸门、胸墙、工作桥和交通桥等；底板是闸室的基础，将闸室上部结构的重量及荷载向地基传递，兼有防渗和防冲作用。上游连接段由防冲槽、护底、铺盖、两岸翼墙和护坡等组成，用以引导水流平顺地进入闸室，延长闸基及两岸的渗径长度，确保渗透水流沿两岸和闸基的抗渗稳定性。下游连接段一般由护坦、海漫、防冲槽、两岸翼墙和护坡等组成，用以引导出闸水流均匀扩散，消除水流剩余动能，防止水流对河床及岸坡的冲刷。

一、闸室图

闸室是水闸的主体部分。开敞式水闸闸室由底板、闸墩、闸门、工作桥和交通桥等组成，有的还设有胸墙。

1. 底板

闸室的底板有平底板和钻孔灌注桩底板两种。在特定的条件下，也可采用低堰底板 [图 2-17（a）]、反拱底板 [图 2-17（b）] 和箱式底板 [图 2-17（c）] 等。

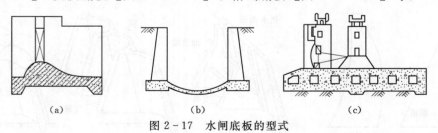

$\quad$（a）$\qquad\qquad\qquad$（b）$\qquad\qquad\qquad$（c）

图 2-17　水闸底板的型式

2. 闸墩

闸墩结构型式根据闸室结构抗滑稳定性和闸墩纵向刚度要求采取实体式。外形轮廓应满足过闸水流平顺、侧向收缩小，过流能力大的要求。闸墩的墩头和墩尾形状多采用半圆形或流线型，如图2-18所示。

3. 胸墙

胸墙顶部高程与闸墩顶部高程齐平，胸墙底高程应根据孔口泄流量要求确定。胸墙相对于闸门的位置，取决于闸门的型式。对于弧形闸门，胸墙位于闸门的上游侧；对于平面闸门，可设置在闸门下游侧，也可设置在上游侧。胸墙结构型式根据闸孔孔径大小和泄水要求选用，一般有板式［图2-19(a)］板梁式［图2-19(b)］和肋形板梁式［图2-19(c)］等类型。

4. 工作桥

工作桥是为安装启闭机和便于工作人员操作而设在闸墩上的桥。当桥面很高时，可在闸墩上部设排架支承工作桥。小型水闸的工作桥一般采用板式结构，大中型水闸多采用梁板结构，如图2-20所示。

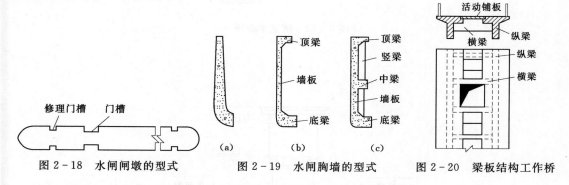

图2-18　水闸闸墩的型式　　图2-19　水闸胸墙的型式　　图2-20　梁板结构工作桥

【例2-4】　识读如图2-21～图2-26所示某水闸设计图。

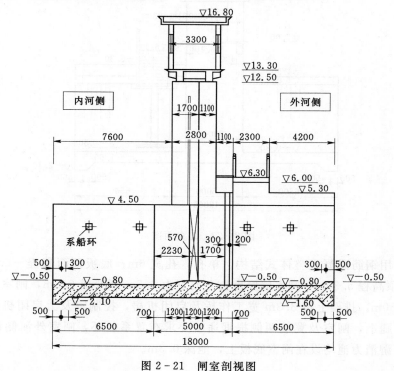

图2-21　闸室剖视图

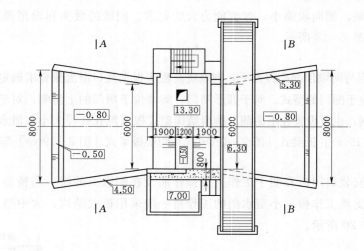

图 2-22　闸室平面图

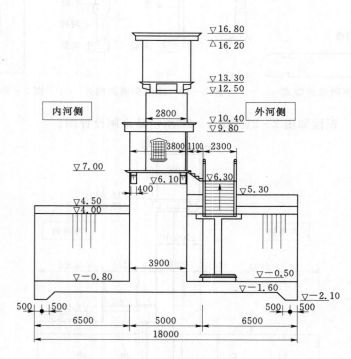

图 2-23　北立面图

该闸室采用钢筋混凝土整体式结构。单孔，孔宽 6m；底板顶面高程－0.80m，底板厚 0.8m；闸顶高程 5.30m，闸室墙厚度自上而下由 0.5m 渐变成 0.8m，闸室长 18m，排架顶高程 12.50m，排架上设 3.3m 宽工作桥及启闭机房，控制室及上启闭机房的踏步设在闸室墙的牛腿上，闸室及翼墙两侧根据通航要求布置系船环，闸室外河侧设 2.30m 工作便桥。上下游消力池均设在闸室底板上，池深 0.3m。

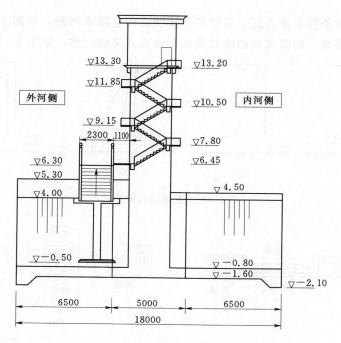

图 2-24 南立面图

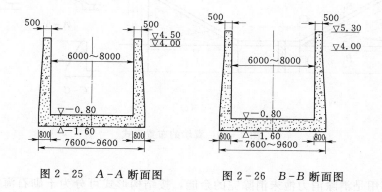

图 2-25 A-A 断面图 　　图 2-26 B-B 断面图

二、水闸上、下游连接段图

水闸的上游连接段由防冲槽、护底、铺盖、两岸翼墙和护坡等组成，下游连接段一般由护坦、海漫、防冲槽、两岸翼墙和护坡等组成，如图 2-16 所示。

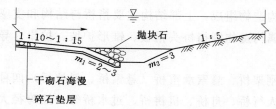

图 2-27 防冲槽

1. 防冲槽

防冲槽是建在水闸末端或上游护底前端、挖槽抛石形成的防冲棱体，如图 2-27 所示。防冲槽的常见形式有堆石体、齿墙、板桩、沉井等。

2. 翼墙

翼墙根据地质条件有重力式、悬臂式、扶壁式和空箱式四种，如图 2-28 所示。常见的布置形式有反翼墙、圆弧式或曲线式翼墙和扭面式翼墙三种，如图 2-29 所示。

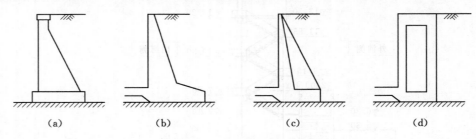

（a）　　　　（b）　　　　（c）　　　　（d）

图 2-28　翼墙结构的形式

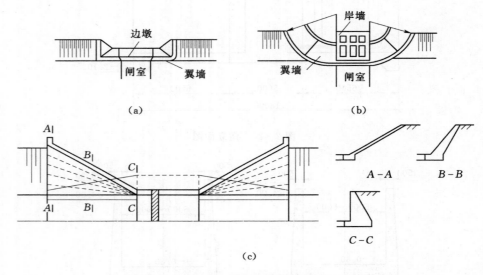

图 2-29　翼墙的布置形式

3. 海漫

海漫的作用是消除消力池未消除完的余能，按结构形式可分为干砌石海漫、浆砌石海漫、混凝土板海漫、铅丝块石笼海漫等。

工作任务四　桥梁图识读

桥梁一般由上部结构、下部结构和附属构造物组成，上部结构主要指桥跨结构和支座系统；下部结构包括桥台、桥墩和基础；附属构造物则指桥头搭板、锥形护坡、护岸、导流工程等，如图 2-30 所示。

桥梁按结构形式可分为梁式桥、拱桥、刚架桥、悬索承重桥（悬索桥、斜拉桥）四种类型；按用途可分为公路桥、公铁两用桥、人行桥、舟桥、机耕桥、过水桥等；按跨径大小和多跨总长可分为小桥、中桥、大桥、特大桥。

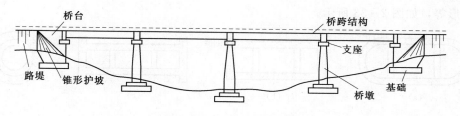

图 2-30 桥梁的基本组成

一、梁式桥图

梁式桥是以受弯为主的主梁作为主要承重构件，制造和架设较为方便，使用广泛，在桥梁建筑中占有很大比例。

1. 主梁

梁式桥的主梁有实腹梁和桁架梁（空腹梁）两种形式。

（1）实腹梁。实腹梁外形简单，制作、安装、维修都较方便，但不够经济，因此广泛用于中、小跨径桥梁。实腹梁按截面形式可分为板梁、∏形梁、T 形梁或箱形梁等，如图 2-31 所示。

（2）桁架梁。桁架梁桥简称桁梁桥，一般是由两片主桁架和纵向联结系及横向联结系组成空间结构。组成桁架的各杆件基本只承受轴向力，可以较好地利用杆件材料强度，但桁架梁的构造复杂、制造费工，多用于较大跨径桥梁。桁梁桥按主要承重桁架形式可分为单柱式桁梁桥、双柱式桁梁桥、三角形桁梁桥、三角形再分节间桁梁桥、菱形桁梁桥、K形桁梁桥等多种，如图 2-32 所示。

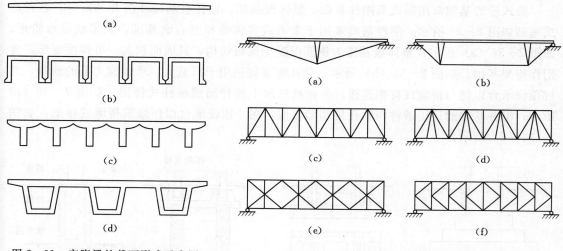

图 2-31 实腹梁的截面形式示意图

图 2-32 各式桁梁桥

2. 支承结构

梁式桥的支承形式有桥墩和排架两种。

（1）桥墩。桥墩一般为重力墩，有实体墩和空心墩两种形式。桥墩的墩头常制作成半圆形或尖角形，空心墩的体型与实体墩基本相同，其截面形式有圆矩形、矩形、双工字形、圆形等，如图2-33所示。

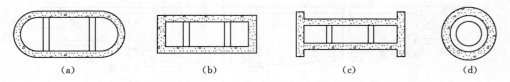

（a） （b） （c） （d）

图2-33 空心墩横截面形式

桥梁与两岸连接时，常用重力式边墩，也称桥台。其构造如图2-34所示。

（2）排架。排架的支承形式体积小、重量轻，可现浇或预制吊装，在工程中被广泛使用，其形式有单排架、双排架、A字形排架等多种，如图2-35所示。

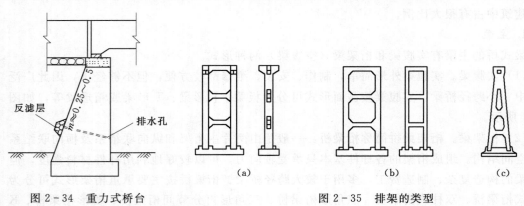

图2-34 重力式桥台

（a） （b） （c）

图2-35 排架的类型

3. 基础

梁式桥的基础常用形式有刚性基础、整体板基础、钻孔桩基础和沉井基础等，各种形式基础如图2-36所示。刚性基础常用于重力式实体墩和空心墩基础，其形状呈台阶形，如图2-36（a）所示；整体板基础为钢筋混凝土梁板结构，其底面积大，可弹性变形，常用作排架基础，如图2-36（b）所示；钻孔桩基础适用于荷载大、承载能力低的地基，其桩顶设承台以便与桥墩或排架连接，并将桩柱向上延伸而成桩柱式排架，如图2-36（c）所示；沉井基础的适用条件与钻孔桩基础相似，在井顶设承台以便修筑桥墩或排架，如图2-36（d）所示。

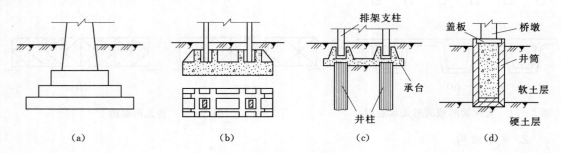

（a） （b） （c） （d）

图2-36 基础的类型

【例2-5】 识读如图2-37～图2-41所示某生产桥结构图。

该生产桥采用 T 形梁式结构，双跨，每跨 6m。桥面标高 3.50m，桥面净宽 2.2m，总宽 2.5m。桥跨及桥台结构见剖视详图。

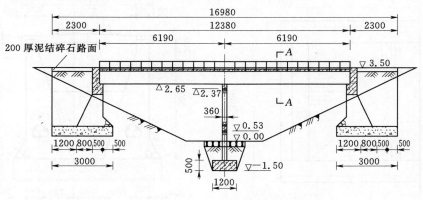

图 2-37　生产桥纵断面图

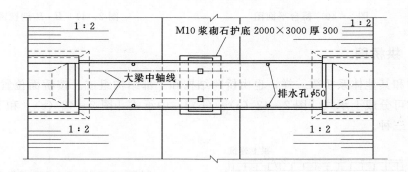

图 2-38　生产桥平面图

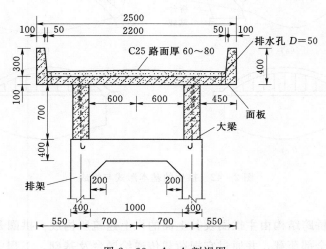

图 2-39　A—A 剖视图

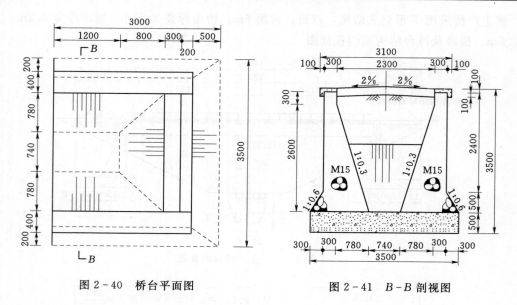

图2-40　桥台平面图　　　　　图2-41　B-B剖视图

二、拱桥图

拱桥和其他体系桥梁一样，也由桥跨结构和下部结构组成。按桥面位置不同，拱桥的桥跨结构可分成上承式［图2-42（a）、（b）］、中承式［图2-42（c）］和下承式［图2-42（d）］三种。

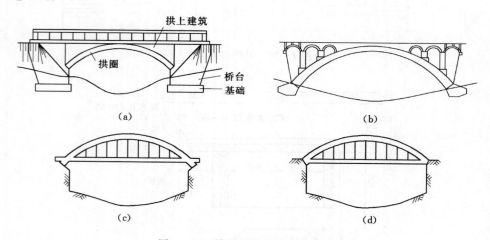

图2-42　拱桥的基本形式与组成

1. 拱圈

上承式拱桥的桥跨结构由主拱圈及其上面的拱上建筑所构成。拱圈是拱桥的主要承重结构，承受桥上的全部荷载，并通过它把荷载传递给墩台及基础。工程中常用的拱圈截面形式有板拱、肋拱和双曲拱。

2. 拱上建筑

由于主拱圈是曲线形，车辆荷载无法直接在弧面上行驶，所以在行车道系与主拱圈之间需要有传递荷载的构件和填充物，这些主拱圈以上的行车道系和传载构件或填充物称为拱上建筑。拱上建筑可做成实腹式或空腹式，相应称为实腹式拱和空腹式拱，如图 2-42（a）、（b）所示。

3. 墩台及基础

拱桥的墩台及基础的结构形式与梁式桥类似。桥墩和桥台多采用实体的重力式结构，底部扩大浇筑成刚性基础。对于软弱地基，则采用桩基础或沉井基础。

工作任务五　渡槽图识读

渡槽也称过水桥，是输送渠道水流跨越河渠、溪谷、洼地和道路的架空水槽，一般由进出口段、槽身、支承结构和基础等部分组成，如图 2-43 所示。

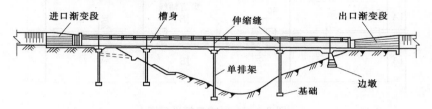

图 2-43　渡槽结构示意图

一、进出口段

渡槽的进出口段主要包括进口渐变段、出口渐变段、与两岸渠道连接的槽台、挡土墙等，其作用是使槽内水流与渠道水流平顺衔接，减小水头损失并防止冲刷。

二、槽身

渡槽的槽身主要起输水作用，对于梁式、拱上结构为排架式的拱式渡槽，槽身还起纵向梁的作用。槽身的横断面形式有矩形、梯形、U 形、半椭圆形和抛物线形等，其中矩形和 U 形较为常见，如图 2-44 所示。

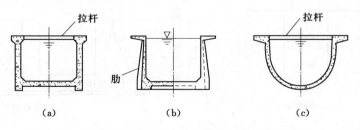

图 2-44　槽身的断面形式

三、支承结构和基础

渡槽的支承结构和基础属于其下部结构，构造与桥梁的下部结构相类似。

【例 2-6】　识读如图 2-45～图 2-48 所示某渡槽设计图。

该渡槽为梁式结构，三跨，每跨 10m。槽内进口处相对高程 0.00m，沿程坡度 i。采用桩基向上延伸与槽墩连接。细部结构尺寸见剖视详图。

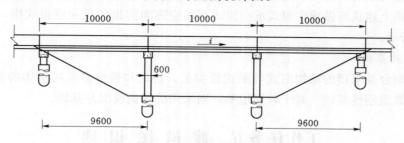

图 2-45　梁式渡槽纵断面图

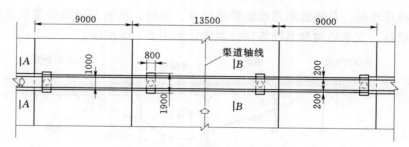

图 2-46　梁式渡槽平面图

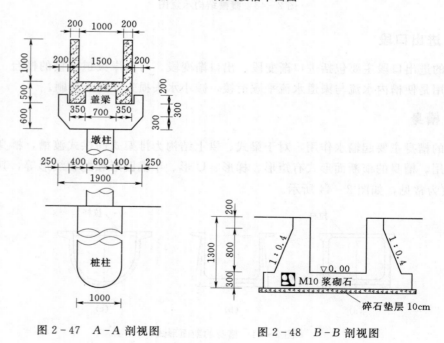

图 2-47　*A-A* 剖视图　　　　　　　图 2-48　*B-B* 剖视图

工作任务六　倒虹吸管图识读

　　倒虹吸管是指用以输送渠道水流穿过河渠、溪谷、洼地、道路的压力管道，其管道的特点是两端与渠道相接，中间向下弯曲。常用钢筋混凝土材料制成，也有用混凝土、钢管制作的，主要根据承压水头、管径和材料供应情况选用。倒虹吸管由进口段、管身段、出口段三部分组成。

一、管身段

倒虹吸管根据管路埋设情况及高差的大小可分为竖井式、斜管式、曲线式和桥式四种类型。竖井式倒虹吸管由进出口竖井和中间平洞所组成，如图 2-49 所示。竖井的断面常为矩形或圆形，其尺寸稍大于平洞，并在底部设置集沙坑，以便于清除泥沙及检修管路时排水。平洞的断面通常为矩形、圆形或城门洞形。竖井式倒虹吸管构造简单、管路较短、占地较少、施工容易，但水力条件较差，通常用于工程规模较小的情况。

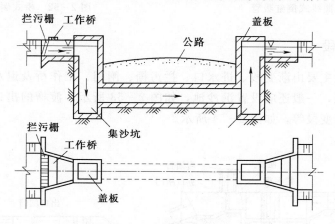

图 2-49　竖井式倒虹吸管

斜管式倒虹吸管进出口为斜卧段，中间为平直段，如图 2-50 所示。斜管式倒虹吸管构造简单，与竖井式相比，水流通畅，水头损失较小。

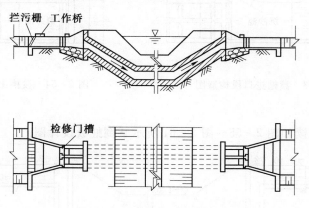

图 2-50　斜管式倒虹吸管

曲线式倒虹吸的管道，一般是沿坡面的起伏爬行铺设而成为曲线形，如图 2-51 所示。

桥式倒虹吸管与曲线式倒虹吸管相似，在沿坡面起伏爬行铺设曲线形的基础上，在深槽部位建桥，管道铺设在桥面上或支承在桥墩等支撑结构上，目的是可以降低管道承受的压力水头，减少水头损失，缩短管身长度，并可避免在深槽中进行管道施工的困难，如图2-52所示。

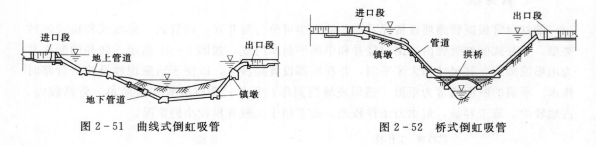

图2-51　曲线式倒虹吸管　　　　　　　　　　图2-52　桥式倒虹吸管

二、进出口段

渡槽的进口段主要由渐变段、进水口、拦污栅、闸门、工作桥及退水闸等部分组成，对于多泥沙的渠道，一般还应设置沉沙池，如图2-53所示。渡槽的出口段包括出水口、闸门、消力池和渐变段等，如图2-54所示。

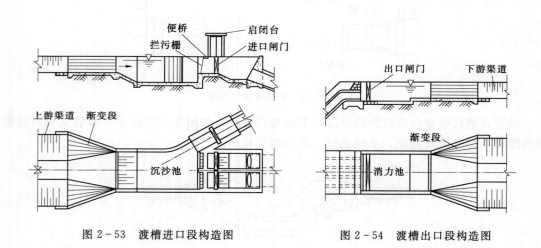

图2-53　渡槽进口段构造图　　　　　　　　图2-54　渡槽出口段构造图

【例2-7】　识读如图2-55～图2-61所示某倒虹吸设计图。

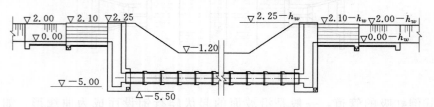

图2-55　预制混凝土圆管竖井式倒虹吸纵剖视图

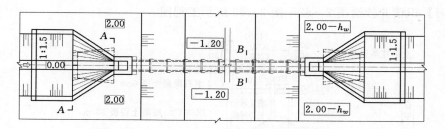

图 2-56　预制混凝土圆管竖井式倒虹吸纵平面图

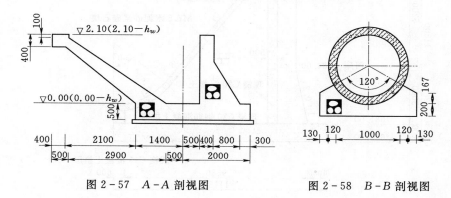

图 2-57　A-A 剖视图　　　　　图 2-58　B-B 剖视图

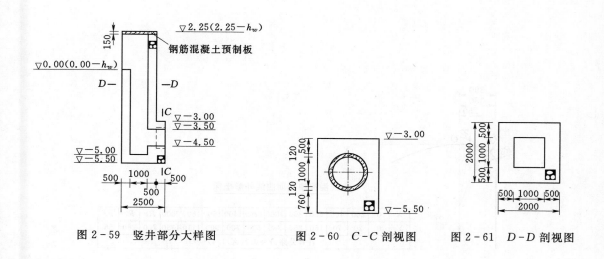

图 2-59　竖井部分大样图　　　图 2-60　C-C 剖视图　　　图 2-61　D-D 剖视图

　　该倒虹吸管为竖井式结构，竖井的断面为矩形，并在底部设置集沙坑。管身部分采用预制混凝土圆管承插连接。细部结构尺寸见各部分详图。

【练习】识读并抄绘图 2-62～图 2-65 所示工程图。

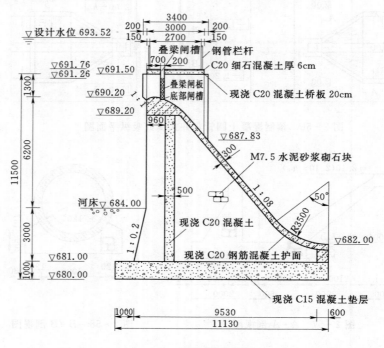

溢流坝段剖视图

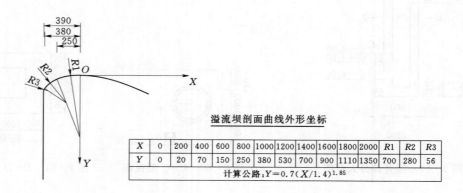

溢流坝剖面曲线外形坐标

X	0	200	400	600	800	1000	1200	1400	1600	1800	2000	R1	R2	R3
Y	0	20	70	150	250	380	530	700	900	1110	1350	700	280	56
计算公路：$Y=0.7(X/1.4)^{1.85}$														

溢流面大样　1：20

图 2-62　溢流坝图

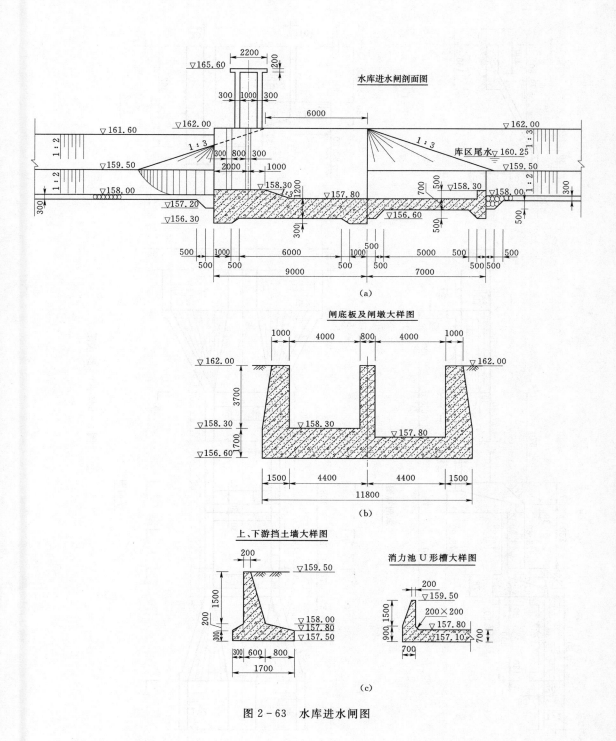

图 2-63　水库进水闸图

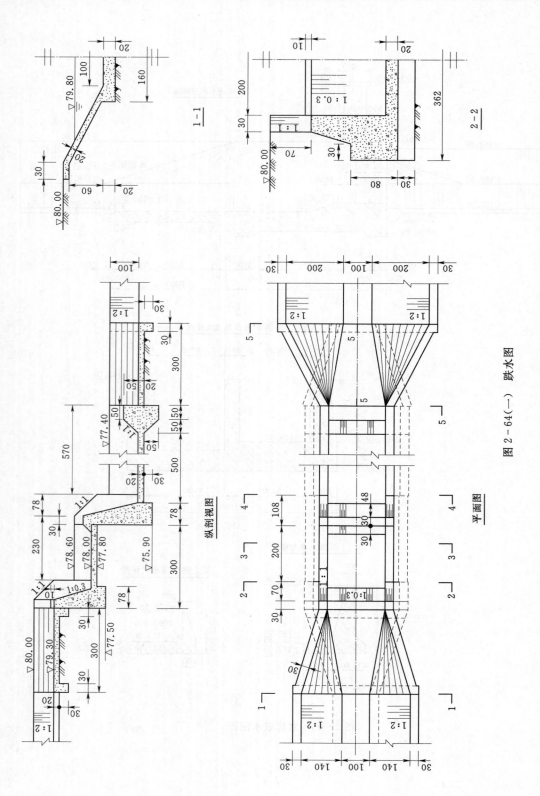

图 2-64（一） 跌水图

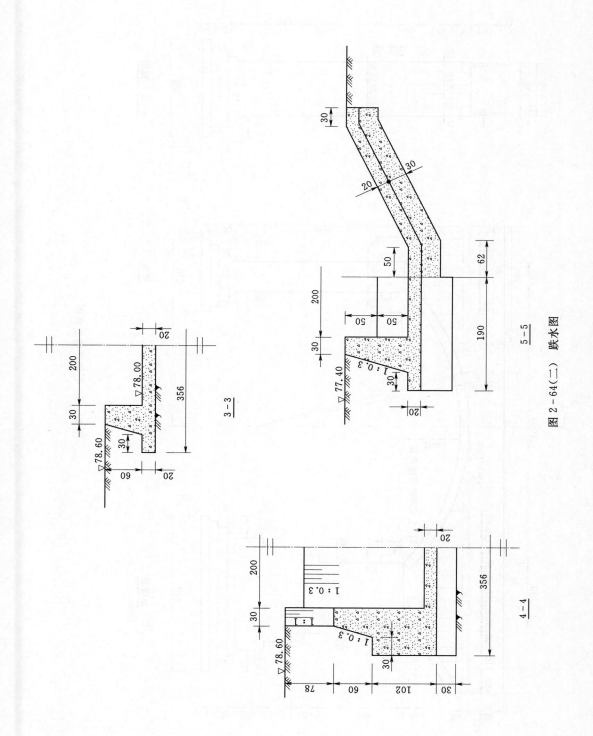

图 2 - 64（二） 跌水图

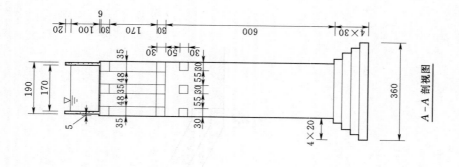

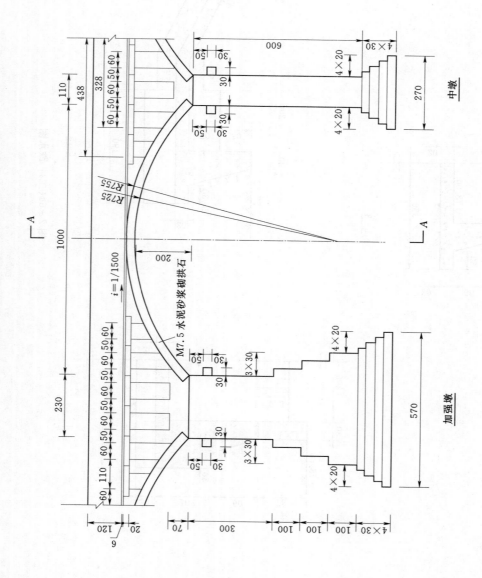

图 2 - 65　石拱渡槽立面图

学习情境三　　AutoCAD 软件绘图

工作任务一　AutoCAD　　介　　绍

一、AutoCAD 绘图环境

1. 启动 AutoCAD

（1）图形界面。AutoCAD（Auto Computer Aided Design）是美国 Autodesk 公司于 1982 年开发的自动计算机辅助设计软件，用于二维绘图、详细绘制、设计文档和基本三维设计，现已成为国际上广为流行的绘图工具。本学习情境内容以 AutoCAD 2008 软件为例。AutoCAD 2008 的图形界面主要由标题栏、菜单栏、工具栏、绘图区、命令行和状态栏等组成，如图 3-1 所示。

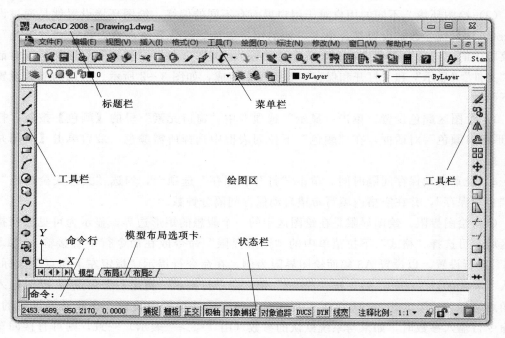

图 3-1　AutoCAD 2008 软件图形界面

1）标题栏。标题栏上显示了软件及当前文件的名称，右端三个按钮，从左到右分别为【最小化】、【最大化（还原）】和【关闭】按钮。

2）菜单栏。菜单栏位于标题栏之下，单击鼠标左键会弹出一个下拉菜单，用户可从中选择相应的命令进行操作。

3）工具栏。工具栏是代替命令的简便工具，使用它们可以完成绝大部分的绘图工作。系统默认状态下，AutoCAD 2008 的操作界面上显示"标准"和"工作空间"两个工具栏。如果需要显示其他工具栏，可在任一打开的工具栏中单击鼠标右键，从打开的工具栏快捷菜单中选择需要打开的工具栏。

4）绘图区。绘图区是用户绘图的工作区域。除所绘制的图形外，在绘图区左下角还显示了当前使用的坐标系图标，它反映了当前坐标系的原点和 X、Y、Z 轴的方向。在绘图区的下方，单击"模型""布局"选项卡，可以在模型空间和图纸空间之间进行切换。通常情况下，用户先在模型空间绘制图形，结束后再转至图纸空间安排图纸输出布局。

5）命令行。命令行位于绘图区下方，用于接收用户命令以及显示各种提示信息。用户通过菜单或者工具栏执行命令的过程将在命令行中显示，用户也可以直接在命令行输入命令。

6）状态栏。状态栏位于图形界面的底部，主要用于显示十字光标当前的坐标位置，并包含了一组辅助绘图的功能按钮。

（2）命令输入方式。在 AutoCAD 中，用户可以通过菜单栏中的下拉菜单命令、工具栏中的按钮命令和命令行执行命令三种形式来执行 AutoCAD 命令。

以画"直线"为例，用户可以选择"绘图"下拉菜单中的"直线"命令，或鼠标左键单击"绘图"工具栏中的【直线】按钮，或在命令行中直接输入"LINE"来执行"直线"命令。

（3）绘图环境。不同的用户对于用户界面有不同的偏好。绘图环境设置就是通过设置 AutoCAD 系统参数来设置符合个人习惯的用户界面。设置系统参数，可选择"工具"下拉菜单中的"选项"命令或在命令行中直接输入"OP"，打开"选项"对话框。该对话框由"文件""显示"和"打开和保存"等选项卡组成，如图 3-2 所示。常用的参数设置有以下两种：

1）绘图区颜色设置。单击"显示"选项卡中"窗口元素"里的【颜色】按钮，打开"图形窗口颜色"对话框，在"颜色"下拉列表框中选择所需颜色，最后单击【应用并关闭】按钮。

2）设置自动保存间隔时间。单击"打开和保存"选项卡，勾选"文件安全措施"中的"自动保存"，并在空格内填写希望自动保存间隔分钟数。

（4）绘图界限。绘图界限是在绘图区中的一个假想的矩形边界，显示为可见栅格指示的区域。可选择"格式"下拉菜单中的"图形界限"命令或在命令行中直接输入"LIM-ITS"进行设置。以设置 A3 幅面绘图界限为例，在命令行提示"指定左下角点"坐标时，输入"0.0000，0.0000"后，按"Enter"键，命令行提示"指定右上角点"，此时输入右上角点坐标"420.0000，297.0000"再回车，即完成绘图界限设置。在此需要说明的是，在命令行输入参数时，如果与系统默认的参数（用"<>"表示）一致，则可直接回车来完成输入。

当输入"图形界限"命令后，按命令行提示，输入"ON"或"OFF"可打开或关闭界限检查功能。当打开绘图界限检查功能时，一旦绘制的图形超出绘图界限，系统将不绘制出此图形并给出提示信息，从而保证绘图的正确性。

（5）绘图单位。设置绘图单位主要包括设置长度和角度的类型、精度以及角度的起始方向。可选择"格式"下拉菜单中的"单位"命令或在命令行中直接输入"UN"，打开

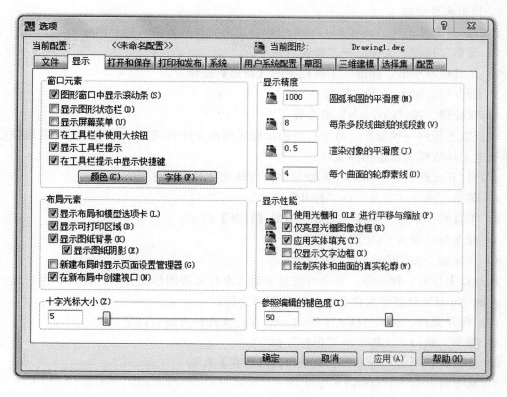

图 3-2 "选项"对话框

"图形单位"对话框,如图 3-3 所示。在长度和角度"类型""精度"下拉列表框中选择所需。单击【方向】按钮,打开"方向控制"对话框,如图 3-4 所示,可以在该对话框中设置绘图基准角度的方向。

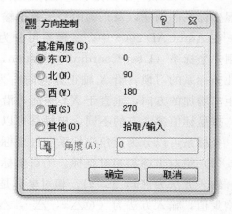

图 3-3 "图形单位"对话框

图 3-4 "方向控制"对话框

2. 图形文件管理

（1）新建文件。在 AutoCAD 2008 中，创建新文件的方法有以下四种：

1）菜单。执行"文件"→"新建"命令。

2）工具栏。单击"标准"工具栏中的【新建】按钮。

3）命令行。输入"QNEW"。

4）快捷键。按"Ctrl＋N"组合键。

执行以上任何一种操作，命令行将提示输入样板文件名或无。此时，用户可选择合适的样板或无样板模式新建图形文件。

（2）打开文件。在 AutoCAD 2008 中，打开文件的方法有以下四种：

1）菜单。执行"文件"→"打开"命令。

2）工具栏。单击"标准"工具栏中的【打开】按钮。

3）命令行。输入"OPEN"。

4）快捷键。按"Ctrl＋O"组合键。

执行以上任何一种操作，命令行将提示输入要打开的图形文件名。此时，用户输入已经存在的 AutoCAD 图形文件名即可打开图形文件。

（3）保存文件。在 AutoCAD 2008 中，保存文件的方法有以下四种：

1）菜单。执行"文件"→"保存"命令。

2）工具栏。单击"标准"工具栏中的【保存】按钮。

3）命令行。输入"QSAVE"。

4）快捷键。按"Ctrl＋S"组合键。

执行上述任何一种操作都可以对图形文件进行保存。若当前的图形文件已经命名保存过，则按此名称保存文件。若当前图形文件尚未保存过，则命令行将提示图形另存为。此时，用户输入想要另存为的文件名及路径即可保存图形文件。

二、AutoCAD 绘图前的准备

1. 坐标系

AutoCAD 软件绘图是通过坐标系来确定图形对象的位置的。理解各种坐标系的概念，掌握坐标系的创建以及正确的坐标数据输入方法是学习 CAD 制图的基础。

在 AutoCAD 2008 中，坐标系可分为世界坐标系（World Coordinate System，WCS）和用户坐标系（User Coordinate System，UCS）。系统默认坐标系为世界坐标系。根据笛卡儿坐标系的习惯，沿 X 轴正方向向右为水平距离增加的方向，沿 Y 轴正方向向上为竖直距离增加的方向，垂直于 XY 平面，沿 Z 轴正方向从所视方向向外为高度增加的方向。

按坐标值参考点的不同，坐标系可以分为绝对坐标系和相对坐标系；按照坐标轴的不同，坐标系可以分为直角坐标系和极坐标系。用户可以在指定坐标时任选一种使用。

（1）绝对坐标和相对坐标。绝对坐标是以当前坐标系原点为基准点，取点的各个坐标值，输入方法为（x，y，z）。相对坐标是以前一个输入点为基准，取当前点与前一点的位移增量值，输入方法为（@$\triangle x$，$\triangle y$，$\triangle z$）。其中，"@"为相对符号。

例如，在命令行中输入直线命令"L"，命令行提示如下：

命令:L

LINE 指定第一点:4,4

指定下一点或[放弃(U)]:14,14

指定下一点或[放弃(U)]:

若采用相对坐标绘制同样一条直线,输入直线命令,命令行提示如下:

LINE 指定第一点:4,4

指定下一点或[放弃(U)]:@10,10

指定下一点或[放弃(U)]:

（2）直角坐标系和极坐标系。当在二维平面中采用直角坐标时，可以省去输入 z 坐标值（始终为 0），直接输入点的 x、y 坐标值，即可在 XY 平面上指定点的位置。当采用极坐标时，则使用距离和角度定位点。

例如，直角坐标系中坐标为（4，4）的点，在极坐标系中的坐标为（5.656＜45°）。其中，5.656 表示该点至原点的距离，45°表示原点至该点的直线与极轴所形成的角度。

2. 图层

AutoCAD 的图层相当于层层重叠的"透明纸"，用户可以根据需要创建若干图层，将相关的图形对象放在同一层上，使用"图层特性管理器"创建、删除、设置当前层及设置图层的状态、名称、打开/关闭、冻结/解冻、锁定/解锁、颜色、线型、线宽和打印样式等各种特性，以此来快速、灵活地管理图形对象。

（1）创建图层。默认情况下，AutoCAD 会自动创建一个图层"0"，该图层不可重命名，用户可以根据需要创建新的图层并命名。创建图层的方法如下：单击"图层"工具栏中的【图层特性管理器】按钮，打开"图层特性管理器"对话框，如图 3-5 所示。用户可以在此对话框中进行图层的基本操作和管理。单击【新建图层】按钮，即可添加一个新的图层，可以在文本框中输入新的图层名。

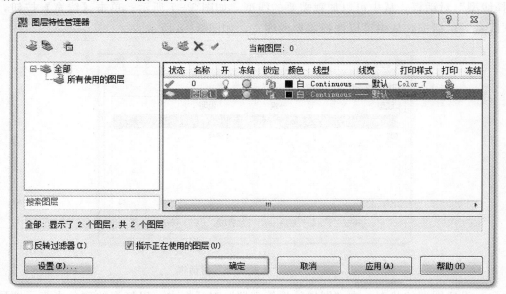

图 3-5 "图层特性管理器"对话框

（2）设置图层的颜色。默认情况下，图层的颜色均为白色，用户可以根据需要更改各图层的颜色，以方便区分图形中的各个部分。在任一图层中单击【颜色】按钮，打开"选择颜色"对话框，从中可以选择需要的颜色，如图 3-6 所示。

图 3-6 "选择颜色"对话框

（3）设置图层的线型、线宽。默认情况下，图层的线型均为 Continuous，即连续线型。用户可以根据需要更改各图层的线型、线宽。在任一图层中单击【线型】按钮，打开"选择线型"对话框，从中可以加载需要的线型，如图 3-7 所示；单击【线宽】按钮，打开"线宽"对话框，从中可以选择需要的线宽，如图 3-8 所示。

图 3-7 "选择线型"对话框

（4）设置图层的状态。在"图层特性管理器"对话框中，以灯泡的颜色来表示图层的

图 3-8 "线宽"对话框

开关状态。默认情况下，图层都是打开的，灯泡显示为黄色，表示图层可以使用和输出。单击灯泡图标，灯泡将变成灰色，图层被关闭。此时，该图层中的对象将不再显示，但仍可在该图层上绘制新的图形，不过新绘制的图形是不可见的。

默认状态下，图层以解冻状态显示，以太阳图标表示。单击太阳图标可以冻结图层，此时以雪花图标表示。冻结图层后将使该图层不可见，而且在选择对象时，系统将忽略该图层中的所有图形。在对复杂图形作重生成命令时，AutoCAD 会忽略被冻结层中的图形，从而提高计算机处理效率。冻结图层后，就不能在该层上绘制新的图形对象，也无法进行编辑。

图层的锁定状态以锁的打开与关闭图标来表示。和冻结不同，被锁定的图层是可见的，可以在锁定的图层上绘制新图形，但不能进行修改。图层锁定功能可用于修改一幅很拥挤、稠密的图，把不需修改的图层全锁定，这样不用担心由于误操作而改动或删除已绘图形。

3. 辅助绘图工具

AutoCAD 2008 提供了捕捉、栅格、正交、极轴、对象捕捉、对象追踪等辅助绘图工具，按下状态栏上的相应按钮，启动辅助功能，弹起则关闭功能。利用这些辅助绘图工具可以极大地提高绘图效率。

（1）捕捉、栅格。栅格是按照设置的间距显示在图形区域中的点，它能提供直观的距离和位置的参照，类似于坐标纸中方格的作用。栅格只在图形界限内显示，且不会被打印输出。

当开启捕捉功能，光标在移动过程中会精确地落到捕捉点上。捕捉点间距可以与栅格间距相同，也可不同，通常将后者设为前者的倍数。AutoCAD 2008 提供栅格捕捉和极轴捕捉两种捕捉样式，在【捕捉】或【栅格】按钮处单击鼠标右键，选择"设置"，打开"草图设置"对话框，可在"捕捉类型"处选择切换，如图 3-9 所示。若选择栅格捕捉，则光标只能在栅格方向上精确移动；若选择极轴捕捉，则光标可在极轴方向上精确移动。

经验提示：在正常绘图过程中不要打开捕捉命令，否则光标在屏幕上按栅格的间距跳动，这样不便于绘图。

（2）正交、极轴。在绘图和编辑过程中，用户可随时打开或关闭正交。若打开正交模式，光标的移动将被限制在水平或竖直方向上，但输入坐标或指定对象捕捉时，正交会被忽略。

极轴模式和正交模式不能同时打开，打开极轴将关闭正交模式。极轴模式下，光标在

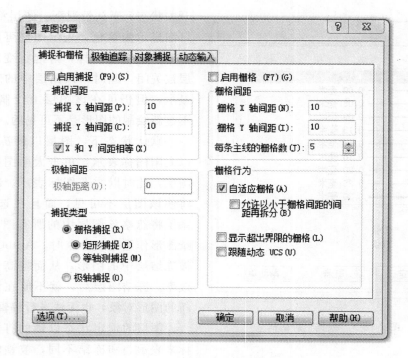

图 3 - 9　"草图设置"对话框

移动过程中会自动追踪已设定的极轴角，极轴角的设置可在"草图设置"对话框中的"极轴追踪"选项卡中进行，如图 3 - 10 所示。

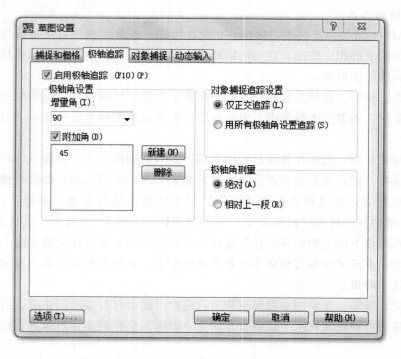

图 3 - 10　"极轴追踪"选项卡

（3）对象捕捉、对象追踪。对象捕捉就是利用已绘制图形上的几何特征点来捕捉定位新的点。使用对象捕捉功能可指定对象上的精确位置，当光标移动至对象特征点位置附近时，将自动捕捉并显示捕捉点标记。对象捕捉模式在"草图设置"对话框中的"对象捕捉"选项卡中进行，在"对象捕捉模式"选项组中提供了 13 种捕捉模式，如图 3 - 11 所示，用户可以单独选择一种对象捕捉模式，也可以同时选择多种。

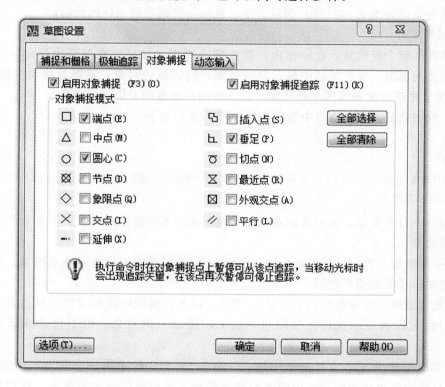

图 3 - 11 "对象捕捉"选项卡

经验提示：不同的特征点有不同的符号，如图 3 - 11 所示。当捕捉点较多时，要注意分析选择。

使用对象追踪功能，可以沿着基于对象捕捉点的对齐路径进行追踪。捕捉到点之后，将显示相对于捕捉点的正交或极轴路径。例如，如图 3 - 12（a）所示，以点 A 为起点，作一垂直于 BC 的直线，且该直线的终点 D 在过圆心的水平线上。

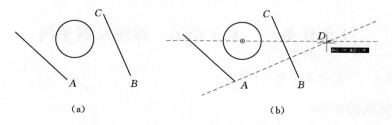

（a）　　　　　　　　　　　　（b）

图 3 - 12　对象追踪功能应用

绘图步骤如下：首先，在"对象捕捉模式"选项组中选择端点、圆心、垂足，如图3-11所示；选择直线命令，指定第一点。此时，通过鼠标将光标靠近点 A，出现端点捕捉符号，单击鼠标进行捕捉；指定下一点。将光标靠近 BC 直线上大致垂足位置，出现垂足捕捉符号。注意此时先不要单击鼠标。将光标靠近圆心，出现圆心捕捉符号，鼠标慢慢向右移动，出现水平方向追踪线，沿着追踪线继续慢慢向右移动，直到同时出现垂线方向的追踪线为止，如图3-12（b）所示。单击鼠标，完成直线 AD 的绘制。

　　4. 视图操作

　　如果要使整个视图显示在屏幕内，就要缩小视图；如果要在屏幕中显示一个局部对象，就要放大视图；要在屏幕中显示当前视图不同区域的对象，就需要移动视图。AutoCAD 提供了视图缩放和视图平移功能，以方便用户观察和编辑图形对象。

　　（1）视图缩放。在命令行中输入命令"Z"，提示如下：

命令:Z
ZOOM
指定窗口的角点,输入比例因子(nX 或 nXP),或者[全部(A)/中心(C)/动态(D)范围(E)/上一个(P)/比例(S)/窗口(W)/对象(O)]<实时>:

　　依据命令行的提示，选择不同选项可对视图采用不同的缩放方式。下面介绍几种常用的视图缩放方式。

　　1）全部缩放。在命令行提示中输入"A"，回车，视图中将显示整个图形，并显示用户定义的图形界限和图形范围。

　　2）范围缩放。在命令行提示中输入"E"，回车，视图中将尽可能大地包含图形中所有对象的放大比例显示视图。视图包含已关闭图层上的对象，但不包含冻结图层上的对象。

　　3）窗口缩放。在命令行提示中输入"W"，回车，指定第一个角点，指定对角点，AutoCAD 将快速地放大包含在由两个对角点所确定的矩形区域中的图形。窗口缩放使用非常频繁，但仅能用来放大图形对象，不能缩小图形对象。

　　4）实时缩放。在命令行提示下直接回车，将执行"<>"中的实时缩放命令。实时缩放开启后，光标将变成一个放大镜符号，按住鼠标左键向上移动将放大视图，向下移动将缩小视图。视图缩放完成后按"Esc"键退出或回车完成视图的缩放。

　　（2）视图平移。在命令行中输入命令"P"，回车，光标将变成手的符号，按住鼠标左键即可对图形对象进行实时平移。平移不会对视图产生缩放。

工作任务二　水工图的二维图绘制举例

　　绘制如图3-13所示滚水坝剖视图。

一、主轴线的绘制

1. 建立图层

输入图层特性管理器命令"LA"，建立名为"点画线"的图层，线型为 CENTER，

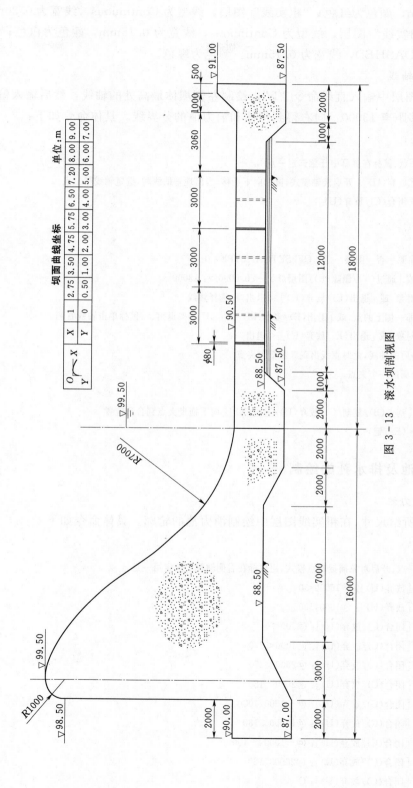

坝面曲线坐标									单位：m
X	1	2.75	3.50	4.75	5.75	6.50	7.20	8.00	9.00
Y	0	0.50	1.00	2.00	3.00	4.00	5.00	6.00	7.00

图 3 - 13　滚水坝剖视图

线宽为 0.15mm，颜色为红色；"粗实线"图层，线型为 Continuous，线宽为 0.30mm，颜色为白色；"细实线"图层，线型为 Continuous，线宽为 0.15mm，颜色为白色；"虚线"图层，线型为 DASHED，线宽为 0.15mm，颜色为绿色。

2. 绘制主轴线

在点画线图层中输入直线命令"L"，绘制左侧坝体最高处的轴线，然后输入偏移命令"O"，指定偏移距离 13000，向右得到坝体和消力池的分界线。具体命令如下：

命令:L

LINE 指定第一点:鼠标在屏幕中任意选定一点

指定下一点或 [放弃(U)]:开启极轴模式,鼠标向下平移,当出现辅助线时,选定轴线第二点

指定下一点或 [闭合(C)/放弃(U)]:

命令:O

OFFSET

当前设置:删除源＝否　图层＝源　OFFSETGAPTYPE＝0

指定偏移距离或 [通过(T)/删除(E)/图层(L)]＜0.0000＞:13000

选择要偏移的对象,或 [退出(E)/放弃(U)]＜退出＞:选择轴线

指定要偏移的那一侧上的点,或 [退出(E)/多个(M)/放弃(U)]＜退出＞:鼠标单击轴线右侧

选择要偏移的对象,或 [退出(E)/放弃(U)]＜退出＞:

命令:单击偏移后的轴线,此时直线出现 3 个蓝色夹点

命令:单击最上面的一个夹点

＊＊拉伸＊＊

指定拉伸点或 [基点(B)/复制(C)/放弃(U)/退出(X)]:向下拖曳夹点到合适位置

命令:＊取消＊(Esc 键)

二、消力池及排水孔的绘制

1. 绘制消力池

依据图中所给尺寸,在粗实线图层中绘制消力池的轮廓。具体命令如下：

命令:L

LINE 指定第一点:开启对象捕捉端点模式,用鼠标在右侧轴线上选定第一点

指定下一点或 [放弃(U)]:@16500＜0

指定下一点或 [放弃(U)]:@1000,1000

指定下一点或 [闭合(C)/放弃(U)]:@500＜0

指定下一点或 [闭合(C)/放弃(U)]:@1000＜270

指定下一点或 [闭合(C)/放弃(U)]:@2500＜270

指定下一点或 [闭合(C)/放弃(U)]:@2000＜180

指定下一点或 [闭合(C)/放弃(U)]:@－1000,1000

指定下一点或 [闭合(C)/放弃(U)]:@12000＜180

指定下一点或 [闭合(C)/放弃(U)]:@－1000,－1000

指定下一点或 [闭合(C)/放弃(U)]:@2000＜180

指定下一点或 [闭合(C)/放弃(U)]:C

命令输入过程中，若输错一个点，可按命令行提示，输入放弃命令"U"撤销上一个点，然后继续绘制。绘制封闭图形，最后一点坐标的输入可按命令行提示，直接输入闭合命令"C"完成。

　　2. 绘制排水孔

　　依据图中排水孔的定位尺寸，采用偏移、复制等方式绘制排水孔。具体命令如下：

命令：_line 指定第一点：开启对象捕捉端点、交点模式及对象追踪功能，用鼠标捕捉消力池右侧转折点后水平向左移动，当出现辅助线时，输入距离 2980

　　指定下一点或 [放弃(U)]：捕捉消力池底下直线的交点

　　指定下一点或 [放弃(U)]：

　　命令：_offset

　　当前设置：删除源＝否　图层＝源　OFFSETGAPTYPE＝0

　　指定偏移距离或 [通过(T)/删除(E)/图层(L)] <13000.0000>：80

　　选择要偏移的对象，或 [退出(E)/放弃(U)] <退出>：选择前面所绘制的直线

　　指定要偏移的那一侧上的点，或 [退出(E)/多个(M)/放弃(U)] <退出>：在直线左侧单击鼠标，完成偏移方向的选择

　　选择要偏移的对象，或 [退出(E)/放弃(U)] <退出>：

　　命令：_copy

　　选择对象：找到 1 个

　　选择对象：找到 1 个，总计 2 个(选择前面所绘制的排水孔)

　　选择对象：

　　当前设置：复制模式 ＝ 多个

　　指定基点或 [位移(D)/模式(O)] <位移>：选择第一个绘制的排水孔上任意一个端点(或其他点)

　　指定第二个点或 <使用第一个点作为位移>：@1500<180

　　指定第二个点或 [退出(E)/放弃(U)] <退出>：@3000<180

　　指定第二个点或 [退出(E)/放弃(U)] <退出>：@4500<180

　　指定第二个点或 [退出(E)/放弃(U)] <退出>：@6000<180

　　指定第二个点或 [退出(E)/放弃(U)] <退出>：@7500<180

　　指定第二个点或 [退出(E)/放弃(U)] <退出>：@9000<180

　　指定第二个点或 [退出(E)/放弃(U)] <退出>：

　　绘制结束后，选择其中 3 组不可见排水孔，将其调至"虚线"图层。

　　3. 绘制反滤层

　　切换当前图层为"细实线"图层，执行偏移命令，指定偏移距离100，绘制反滤层。具体命令如下：

　　命令：_offset

　　当前设置：删除源＝否　图层＝源　OFFSETGAPTYPE＝0

　　指定偏移距离或 [通过(T)/删除(E)/图层(L)] <80.0000>：L

　　输入偏移对象的图层选项 [当前(C)/源(S)] <源>：C

　　指定偏移距离或 [通过(T)/删除(E)/图层(L)] <80.0000>：100

　　选择要偏移的对象，或 [退出(E)/放弃(U)] <退出>：选择消力池底下直线

　　指定要偏移的那一侧上的点，或 [退出(E)/多个(M)/放弃(U)] <退出>：M

指定要偏移的那一侧上的点,或 [退出(E)/放弃(U)] <下一个对象>:依次向下选择

指定要偏移的那一侧上的点,或 [退出(E)/放弃(U)] <下一个对象>:

选择要偏移的那一侧上的点,或 [退出(E)/放弃(U)] <下一个对象>:

指定要偏移的那一侧上的点,或 [退出(E)/放弃(U)] <下一个对象>:

选择要偏移的对象,或 [退出(E)/放弃(U)] <退出>:

　　执行延伸命令,将偏移得到的一组平行直线延伸至与两侧斜线相交。具体命令如下:

命令:_extend

当前设置:投影=UCS,边=无

选择边界的边…

选择对象或<全部选择>:找到 1 个

选择对象:找到 1 个,总计 2 个(选择两侧斜线)

选择对象:

选择要延伸的对象,或按住 Shift 键选择要修剪的对象,或

[栏选(F)/窗交(C)/投影(P)/边(E)/放弃(U)]:指定对角点:(交叉窗口模式选择平行直线的左端)

选择要延伸的对象,或按住 Shift 键选择要修剪的对象,或

[栏选(F)/窗交(C)/投影(P)/边(E)/放弃(U)]:指定对角点:(交叉窗口模式选择平行直线的右端)

选择要延伸的对象,或按住 Shift 键选择要修剪的对象,或

[栏选(F)/窗交(C)/投影(P)/边(E)/放弃(U)]:

　　消力池及排水孔绘制成果如图 3-14 所示。

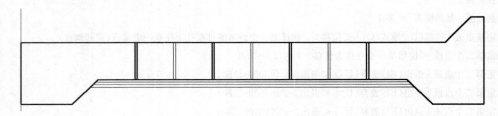

图 3-14　消力池及排水孔轮廓

三、滚水坝的绘制

1. 绘制坝体直线段部分

切换当前图层为"粗实线"图层,使用直线命令"L"绘制坝体直线段部分。具体命令如下:

命令:L

LINE 指定第一点:选择消力池左下角点

指定下一点或 [放弃(U)]:@2000<180

指定下一点或 [放弃(U)]:@-2000,1000

指定下一点或 [闭合(C)/放弃(U)]:@7000<180

指定下一点或 [闭合(C)/放弃(U)]:@-3000,-1500

指定下一点或 [闭合(C)/放弃(U)]:@2000<180

指定下一点或 [闭合(C)/放弃(U)]：@3000<90

指定下一点或 [闭合(C)/放弃(U)]：@2000<0

指定下一点或 [闭合(C)/放弃(U)]：@8500<90

指定下一点或 [闭合(C)/放弃(U)]：

2. 绘制坝体曲线段部分

使用圆弧命令"A"、样条曲线命令"SPL"绘制坝体曲线，坝体曲线的关键点坐标参照曲线坐标。具体命令如下：

命令：A

ARC 指定圆弧的起点或 [圆心(C)]：选择上一段直线段最后一点

指定圆弧的第二个点或 [圆心(C)/端点(E)]：C

指定圆弧的圆心：@1000<0

指定圆弧的端点或 [角度(A)/弦长(L)]：A

指定包含角：-90

命令：UCS

当前 UCS 名称：＊世界＊

指定 UCS 的原点或 [面(F)/命名(NA)/对象(OB)/上一个(P)/视图(V)/世界(W)/X/Y/Z/Z 轴(ZA)]＜世界＞：选择如图 3-13 中所示直角坐标系原点

指定 X 轴上的点或 ＜接受＞：选择如图 3-13 中所示 X 方向上一点

指定 XY 平面上的点或 ＜接受＞：选择如图 3-13 中所示 Y 方向上一点

命令：SPL

SPLINE

指定第一个点或 [对象(O)]：1000,0

指定下一点或 [闭合(C)/拟合公差(F)] ＜起点切向＞：2750,500

指定下一点或 [闭合(C)/拟合公差(F)] ＜起点切向＞：3500,1000

指定下一点或 [闭合(C)/拟合公差(F)] ＜起点切向＞：4750,2000

指定下一点或 [闭合(C)/拟合公差(F)] ＜起点切向＞：5750,3000

指定下一点或 [闭合(C)/拟合公差(F)] ＜起点切向＞：6500,4000

指定下一点或 [闭合(C)/拟合公差(F)] ＜起点切向＞：7200,5000

指定下一点或 [闭合(C)/拟合公差(F)] ＜起点切向＞：8000,6000

指定下一点或 [闭合(C)/拟合公差(F)] ＜起点切向＞：9000,7000

指定下一点或 [闭合(C)/拟合公差(F)] ＜起点切向＞：

指定起点切向：鼠标在屏幕中指定

指定端点切向：鼠标在屏幕中指定

命令：A

ARC 指定圆弧的起点或 [圆心(C)]：选择上一段曲线端点

指定圆弧的第二个点或 [圆心(C)/端点(E)]：E

指定圆弧的端点：选择消力池左上角点

指定圆弧的圆心或 [角度(A)/方向(D)/半径(R)]：R

指定圆弧的半径：7000

滚水坝轮廓绘制完成，成果如图 3-15 所示。

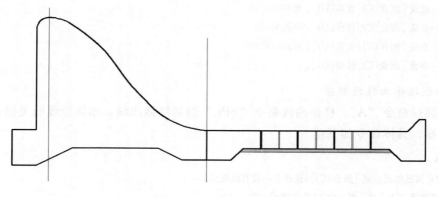

图 3-15　滚水坝轮廓

四、断面材料的绘制

切换当前图层为"细实线"图层，利用 AutoCAD 系统自带填充命令，绘制坝体断面混凝土材料符号。由于系统中没有自然土壤的填充符号，因此需要用户自行绘制。执行填充命令"H"，打开"图案填充和渐变色"对话框，如图 3-16 所示。

图 3-16　"图案填充和渐变色"对话框

在"类型和图案"选项卡中单击【图案】按钮，打开"填充图案选项板"对话框，如图 3-17 所示。

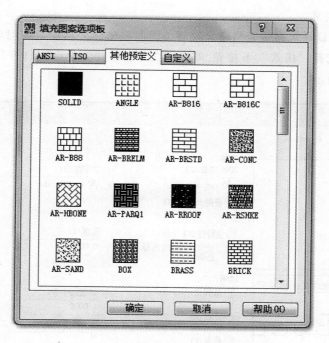

图 3-17　"填充图案选项板"对话框

选择"其他预定义"选项卡中的混凝土材料符号 AR-CONC，确定后返回"图案填充和渐变色"对话框，在"边界"选项组中单击【添加：拾取点】按钮，进入绘图模型空间，在需要填充的闭合轮廓内拾取一点，当轮廓线变为虚线，表示系统计算出填充所需闭合轮廓，此时回车返回"图案填充和渐变色"对话框，单击【确定】按钮。为保证填充效果如图 3-13 所示，在填充前首先要完成填充轮廓线的绘制，并在填充完成后将其删除。由于系统自带的填充图案在角度、比例等方面有时达不到用户的填充需求，用户可在"图案填充和渐变色"对话框中进行适当修改，用户也可以根据需要，自定义填充图案的样式。填充后的图样效果如图 3-18 所示。

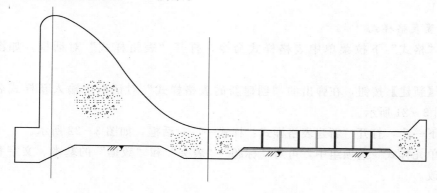

图 3-18　填充后的图样效果

五、坝面曲线坐标的绘制

1. 设置文字样式

利用 AutoCAD 系统自带表格命令绘制坝面曲线坐标表格前，需对表格中的文字样式进行预先设置。选择"格式"下拉菜单中的"文字样式"命令，打开"文字样式"对话框，如图 3 - 19 所示。

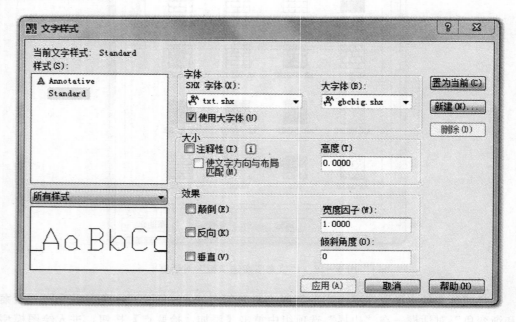

图 3 - 19　"文字样式"对话框

当前文字样式为 Standard，用户可根据需要自建文字样式。单击【新建】按钮，在弹出的"新建文字样式"对话框中，输入样式名"汉字"并确定，显示当前文字样式为汉字。将"字体"选项组"使用大字体"选项前的勾选取消，在"字体名"下拉列表框中选择"仿宋"字体，在"效果"选项组"宽度因子"空格内输入 0.7。同样，新建"数字和字母"文字样式，要求"SHX 字体"采用 gbeitc. shx，"大字体"选择 gbcbig. shx，"宽度因子"为 1。

2. 设置表格样式

选择"格式"下拉菜单中表格样式命令，打开"表格样式"对话框，如图 3 - 20 所示。

单击【新建】按钮，在弹出的"创建新的表格样式"对话框中输入新样式名"样式一"，如图 3 - 21 所示。

继续下一步，打开"新建表格样式：样式一"对话框，如图 3 - 22 所示。

在"单元样式"选项组中，可对"标题""表头"和"数据"的基本、文字和边框样式进行修改。

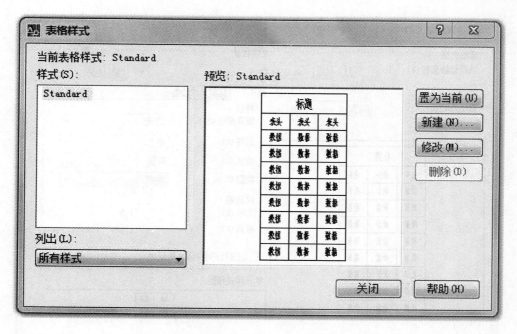

图 3－20　"表格样式"对话框

图 3－21　"创建新的表格样式"对话框

3. 绘制表格

单击"绘图"工具栏中的【表格】按钮，打开"插入表格"对话框，如图 3－23 所示。

用户可在此对话框"表格样式"下拉列表框中选择预先设置好的表格样式名称，在 "列和行设置"选项组中对表格中数据行列的数量、尺寸进行设置。设置完成后，插入表 格，执行多行文字命令"MT"，填写坝面曲线坐标数据。

六、尺寸标注的绘制

1. 设置标注样式

选择"格式"下拉菜单中"标注样式"命令，打开"标注样式管理器"对话框，如图 3－24 所示。

图 3-22　"新建表格样式：样式一"对话框

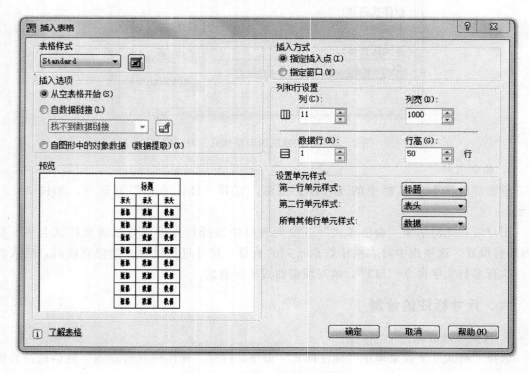

图 3-23　"插入表格"对话框

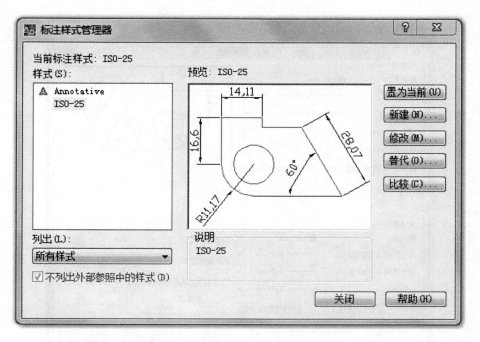

图 3 - 24　"标注样式管理器"对话框

　　用户可根据需要新建标注样式。单击"标注样式管理器"对话框中的【新建】按钮，打开"创建新标注样式"对话框。新样式名可按照尺寸标注比例来命名，如图 3 - 25 所示。

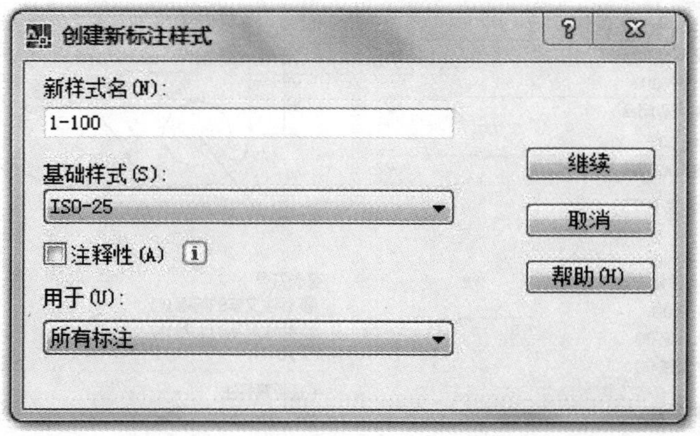

图 3 - 25　"创建新标注样式"对话框

　　新标注样式一般是在原有基础样式上进行修改，新修改的样式可用于所有标注，也可仅用于线性标注、角度标注、半径标注等其中一项。单击【继续】按钮，打开"新建标注样式：1 - 100"对话框。用户可对尺寸标注的线型、符号和箭头、文字等常用样式进行设置，如图 3 - 26～图 3 - 28 所示。

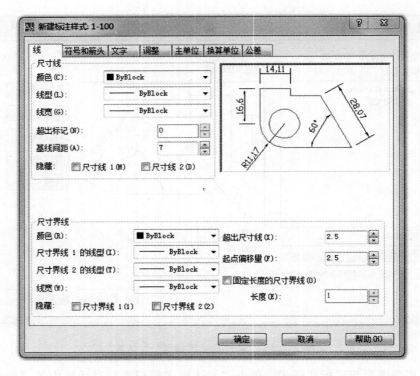

图 3-26 尺寸标注"线"选项卡设置

图 3-27 尺寸标注"符号和箭头"选项卡设置

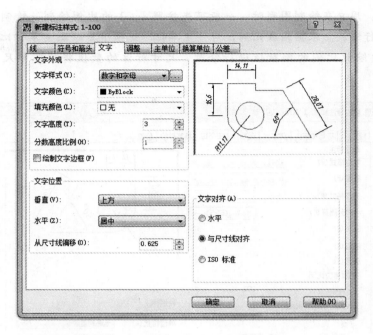

图 3-28　尺寸标注"文字"选项卡设置

　　经验提示：根据实际标注对象的大小不同，按常规设置好的尺寸标注样式有时会与图形大小比例不适。此时用户不用单独对"线""符号和箭头""文字"单独进行修改，只要对"调整"选项卡中"标注特征比例"选项组的"使用全局比例"的数字进行修改，尺寸标注的整体样式将得到相应调整，如图 3-29 所示。

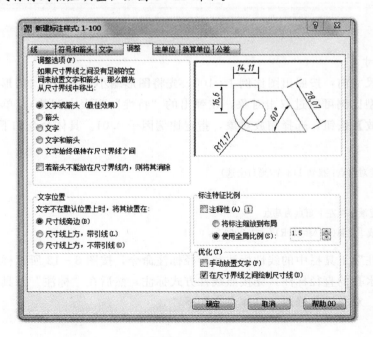

图 3-29　尺寸标注"调整"选项卡设置

经验提示：用户在绘制图形时，一般可先按照 1∶1 的比例绘制，绘制结束后，再按照出图比例进行缩放。根据缩放比例，对"主单位"选项卡中"测量单位比例"选项组的"比例因子"按缩放比例的倒数值进行修改，尺寸标注的数值将按实际尺寸显示，如图 3-30 所示。

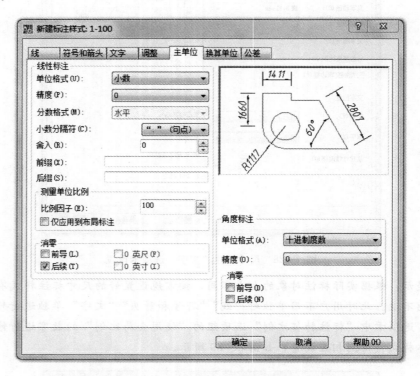

图 3-30　尺寸标注"主单位"选项卡设置

2. 标注尺寸

标注图形尺寸前，按照出图比例 1∶100，先将图形缩小至 1/100（图形缩小后，点画线和虚线的线型比例可通过双击对象，在弹出的"特性"列表中调整）。单击"修改"工具栏中的【缩放】按钮，选择缩放对象，指定比例因子 0.01。具体命令如下：

命令：_scale
选择对象：指定对角点：找到 113 个(窗口全选)
选择对象：
指定基点：指定滚水坝左下角点为基点
指定比例因子或［复制(C)/参照(R)］＜1.0000＞：0.01

选择"标注"工具栏中的线性标注和半径标注命令，按图 3-13 所示样式完成图形的尺寸标注。排水孔的直径标注，先按照线性方式标注，然后在"标注"工具栏中单击【编辑标注】按钮，对其进行修改。具体命令如下：

命令：_dimedit
输入标注编辑类型［默认(H)/新建(N)/旋转(R)/倾斜(O)］＜默认＞：n(输入"％％c80"，单击【确定】按钮)

选择对象：找到 1 个(排水孔尺寸标注)

选择对象：

经验提示：为了使尺寸标注对齐、美观，部分尺寸可选择"标注"工具栏中的基线和连续方式进行标注。

3.标注标高

标高的标注通常采用"块"来完成。

步骤一，先绘制除文字外的"标高符号（小三角）"。

步骤二，定义"块"属性。输入"ATT"命令，打开"属性定义"对话框，如图 3-31 所示。在"属性"选项组的"标记"选项中输入"BG"，在"提示"选项中输入"标高"，在"默认"后面输入"87.00"（是标高值的一个代表，可任意输入）。在"文字设置"选项组中确定"文字样式"和"文字高度"。确定后关闭"属性定义"对话框，并将刚定义的"BG"标记摆放在"步骤一"绘制的标高符号旁合适位置处。

图 3-31　"属性定义"对话框

步骤三，定义"块"。单击"绘图"工具栏中的【创建块】按钮，打开"块定义"对话框，如图 3-32 所示。输入"块"的名称，并在屏幕中拾取基点，选择对象（"步骤一"绘制的标高符号及"步骤二"定义的 BG 标记）。

步骤四，插入"块"。单击"绘图"工具栏中的【插入块】按钮，打开"插入"对话框，如图 3-33 所示。选择需要插入的"块"的名称，并在屏幕中指定插入点，输入标高

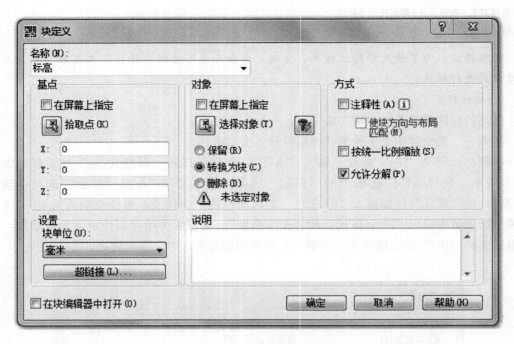

图 3-32 "块定义"对话框

数值。

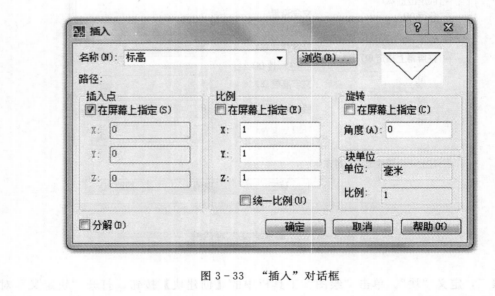

图 3-33 "插入"对话框

工作任务三 水工图的三维图绘制举例

根据图 3-34～图 3-39，绘制如图 3-40 所示水闸三维实体图。

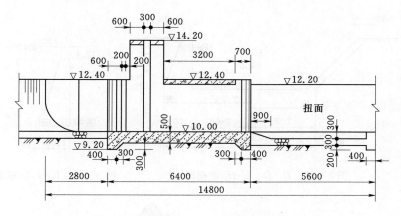

图 3-34　*A-A* 剖视图

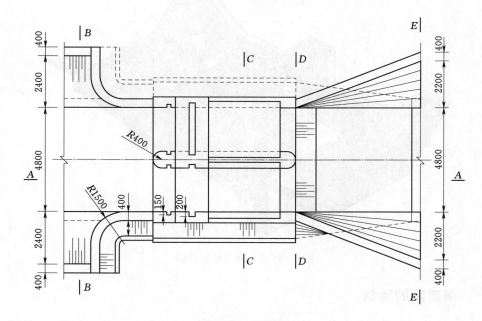

图 3-35　平面图

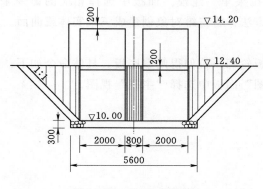

图 3-36　*B-B* 剖视图

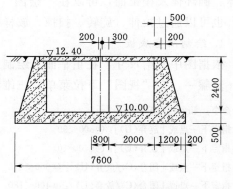

图 3-37　*C-C* 剖视图

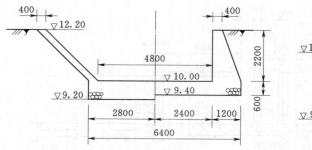

图 3-38 *D-D*、*E-E* 剖视图

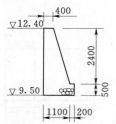

图 3-39 *F-F* 剖视图

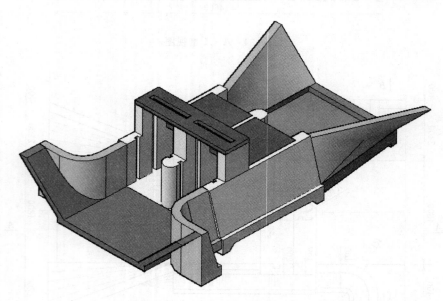

图 3-40 水闸三维实体图

一、闸室段的绘制

在 AutoCAD 中，最基本的实体对象包括多段体、长方体、楔体、圆锥体、球体、圆柱体、圆环体及棱锥面，可以在"绘图"下拉菜单"建模"面板中选择相应的命令来创建，也可以通过拉伸、旋转、扫掠、放样等方法，将二维对象创建成三维实体或曲面。

1. 绘制闸室底板

依据图中所给尺寸，在正平面上绘制底板轮廓，拉伸得闸室底板。具体命令如下：

步骤一，在"视图"下拉菜单"三维视图"面板中选择"主视"视图。

命令：_line 指定第一点：
指定下一点或 [放弃(U)]：@800＜90
指定下一点或 [放弃(U)]：@6400＜0
指定下一点或 [闭合(C)/放弃(U)]：@800＜270
指定下一点或 [闭合(C)/放弃(U)]：@400＜180
指定下一点或 [闭合(C)/放弃(U)]：@-300,300

指定下一点或［闭合(C)/放弃(U)］: @5000＜180

指定下一点或［闭合(C)/放弃(U)］: @－300，－300

指定下一点或［闭合(C)/放弃(U)］: C

步骤二，单击"绘图"工具栏中的【面域】按钮，将"步骤一"所绘制的线段转成面域。

命令: _region

选择对象: 指定对角点: 找到 8 个(底板轮廓线)

选择对象:

已提取 1 个环。

已创建 1 个面域。

步骤三，在"绘图"下拉菜单"建模"面板中选择"拉伸"命令，将"步骤二"所创建的面域拉伸成实体。

命令: _extrude

当前线框密度: ISOLINES=4

选择要拉伸的对象: 找到 1 个("步骤二"所创建的面域)

选择要拉伸的对象:

指定拉伸的高度或［方向(D)/路径(P)/倾斜角(T)］: 7600

步骤四，在"视图"下拉菜单"三维视图"面板中选择"西南等轴测"视图，消隐，得到闸室底板实体，如图 3-41 所示。

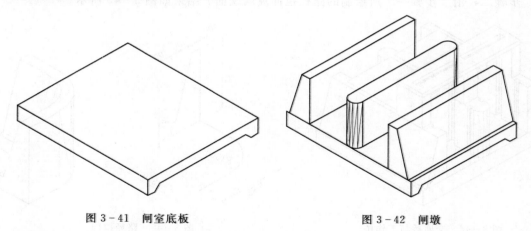

图 3-41 闸室底板　　　　　　　　　图 3-42 闸墩

2. 绘制闸墩

设置用户坐标系，在底板上表面（水平面）上绘制中墩端面轮廓，暂不考虑闸门槽；设置用户坐标系，在侧平面上绘制边墩端面轮廓，暂不考虑闸门槽；拉伸边墩 6400，拉伸中墩 2400。结果如图 3-42 所示。

3. 绘制闸门槽和桥面板槽口

步骤一，水平面上绘制两个矩形 200×150、300×200，拉伸高度 2400，按门槽定位尺寸将以上两个长方体复制并定位在闸墩闸门槽位置上；绘制矩形 3200×300，拉伸 200

高，定位放置在桥面板槽口位置上。

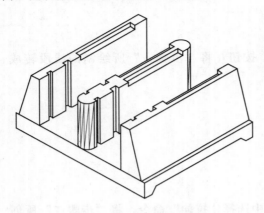

图 3-43　闸门槽和桥面板槽口

步骤二，在"修改"下拉菜单"实体编辑"面板中选择"差集"命令，将"步骤一"所绘制的长方体与闸墩进行差集运算，完成闸门槽和桥面板槽口。结果如图 3-43 所示。

4.绘制交通桥与工作桥

步骤一，水平面上绘制矩形 3200×2600，拉伸高度 200，复制并定位在交通桥面板槽口位置上。

步骤二，在闸墩顶面绘制工作桥轮廓，拉伸高度 1600。

步骤三，在"修改"下拉菜单"实体编辑"面板中选择"并集"命令，将"步骤二"所绘制的工作桥墩与闸墩进行并集运算。

步骤四，在工作桥墩顶面绘制工作桥板矩形 5800×1500 及闸门槽矩形 2400×300，拉伸 200 高之后差集。结果如图 3-44 所示。

二、翼墙的绘制

步骤一，在侧平面上绘制翼墙端面轮廓，在水平面上绘制拉伸路径。

步骤二，沿"步骤一"所绘制的路径拉伸翼墙端面。结果如图 3-45 所示。

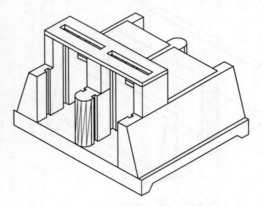

图 3-44　交通桥与工作桥

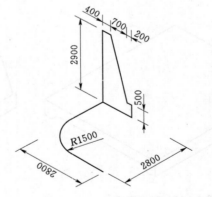

图 3-45　路径拉伸

路径拉伸命令如下：

```
命令：_extrude
当前线框密度：ISOLINES=4
选择要拉伸的对象：找到 1 个(翼墙端面轮廓线)
选择要拉伸的对象：
指定拉伸的高度或 [方向(D)/路径(P)/倾斜角(T)]：P
选择拉伸路径或 [倾斜角(T)]：选择路径
```

步骤三，按翼墙定位尺寸将其定位在正确位置上。

步骤四，在"**修改**"下拉菜单"**三维操作**"面板中选择"**三维镜像**"命令，将"**步骤二**"所绘制的翼墙按闸轴线所在的铅垂面进行镜像。具体命令如下：

命令：_mirror3d

选择对象：找到 1 个（"步骤二"所绘制的翼墙）

选择对象：

指定镜像平面（三点）的第一个点或［对象(O)/最近的(L)/Z 轴(Z)/视图(V)/XY 平面(XY)/YZ 平面(YZ)/ZX 平面(ZX)/三点(3)］＜三点＞：在闸轴线所在的铅垂面上指定三个点

在镜像平面上指定第二点：在镜像平面上指定第三点：

是否删除源对象？［是(Y)/否(N)］＜否＞：

结果如图 3－46 所示。

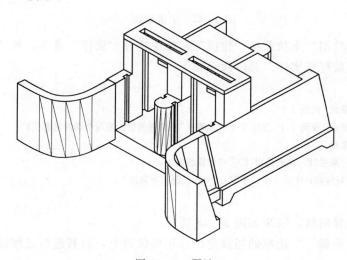

图 3－46 翼墙

三、上游渠道的绘制

步骤一，在侧平面上绘制渠道端面轮廓，拉伸高度 4000，定位在正确位置上。

步骤二，原地复制翼墙。

步骤三，渠道与翼墙差集。

步骤四，在"**修改**"下拉菜单"**实体编辑**"面板中选择"**分割**"命令，分割渠道各部分。

步骤五，删除渠道多余部分。结果如图 3－47 所示。

四、扭面过渡段的绘制

1. 绘制扭面

步骤一，在侧平面上分别绘制扭面的两个端面轮廓，距离 5600。

步骤二，在两个端面间相应点之间绘制直线（导向线）。

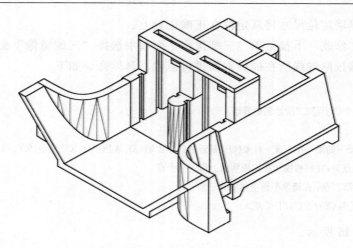

图 3-47　上游渠道

步骤三，在"绘图"下拉菜单"建模"面板中选择"放样"命令，将"步骤一"所创建的两个端面面域放样成实体。具体命令如下：

命令：_loft
按放样次序选择横截面：找到 1 个
按放样次序选择横截面：找到 1 个，总计 2 个（"步骤一"所绘制的扭面的两个端面轮廓线）
按放样次序选择横截面：
输入选项 [导向(G)/路径(P)/仅横截面(C)] <仅横截面>：G
选择导向曲线：指定对角点：找到 4 个（"步骤二"中所绘制的导向线）
选择导向曲线：

步骤四，删除导向线。结果如图 3-48 所示。

步骤五，将"步骤三"绘制的扭面定位在正确位置上，对其进行三维镜像。

2. 绘制护坦

步骤一，在水平面上绘制上底为 5600、下底为 7200、高为 5600 的等腰梯形，如图 3-49（a）所示。在其旁边复制一个后，将上底向左偏移 400，延伸交至梯形两腰上，并以其为边界，修剪成如图 3-49（b）所示的长等腰梯形。

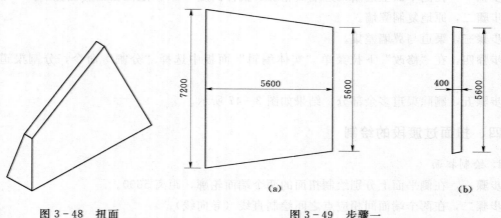

图 3-48　扭面

图 3-49　步骤一

延伸与修剪命令通过单击"修改"工具栏中相应按钮执行，具体命令如下：

命令：_extend

当前设置：投影＝UCS,边＝无

选择边界的边…

选择对象或＜全部选择＞：找到 1 个

选择对象：找到 1 个,总计 2 个(分别为等腰梯形的两条腰)

选择对象：

选择要延伸的对象,或按住 Shift 键选择要修剪的对象,或[栏选(F)/窗交(C)/投影(P)/边(E)/放弃(U)]：单击要延伸的对象上端

选择要延伸的对象,或按住 Shift 键选择要修剪的对象,或[栏选(F)/窗交(C)/投影(P)/边(E)/放弃(U)]：单击要延伸的对象下端

选择要延伸的对象,或按住 Shift 键选择要修剪的对象,或[栏选(F)/窗交(C)/投影(P)/边(E)/放弃(U)]：

命令：_trim

当前设置：投影＝UCS,边＝无

选择剪切边…

选择对象或＜全部选择＞：找到 1 个(经延伸的直线)

选择对象：

选择要修剪的对象,或按住 Shift 键选择要延伸的对象,或[栏选(F)/窗交(C)/投影(P)/边(E)/删除(R)/放弃(U)]：指定对角点：交叉窗口选择两条腰需要修剪的部分

选择要修剪的对象,或按住 Shift 键选择要延伸的对象,或[栏选(F)/窗交(C)/投影(P)/边(E)/删除(R)/放弃(U)]：

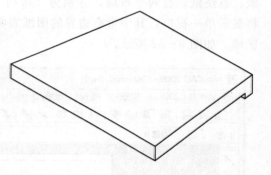

步骤二，拉伸大梯形 600 高，小梯形 200 高，按图 3-50 所示定位后进行并集。

步骤三，在正平面上绘制如图 3-51（a）所示四边形，拉伸 4800 高，按图 3-51（b）所示定位后进行差集。

图 3-50 步骤二

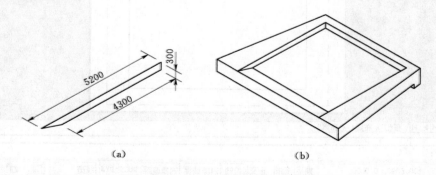

（a）　　　　　　　　　　　（b）

图 3-51 护坦

步骤四，将"步骤三"绘制的护坦定位在正确位置上，完成水闸的绘制。

工作任务四　AutoCAD　打　印

一、图纸空间和布局

在绘图区的下方，有一个"模型布局"选项卡，用户可以在模型空间和图纸空间之间进行切换。AutoCAD 的图纸空间就是图纸布局环境，可以在这里指定图纸大小、添加标题栏、显示模型的多个视图以及创建图形标注和注释。图纸空间可以形象地理解为覆盖在模型空间上的一层不透明的纸，需要从图纸空间看模型空间的内容，必须进行开"视口"操作，也就是"开窗"。图纸空间主要的作用是用来出图的，就是把在模型空间绘制的图，在图纸空间进行调整、排版，因此这个过程也称为"布局"。

"模型"选项卡可获取无限的图形区域，用户可按 1：1 的比例绘制图形，最后的打印比例交给布局来完成。

1. 创建布局

在 AutoCAD 2008 中，可以创建多个布局，每个布局都代表一张单独的打印输出图纸。系统默认有两个布局，分别为"布局 1"和"布局 2"。首次选择"布局"选项卡时，将显示单一视口，其中带有边界的图纸表明当前配置的打印机的图纸尺寸和图纸的可打印区域。如图 3-52 所示。

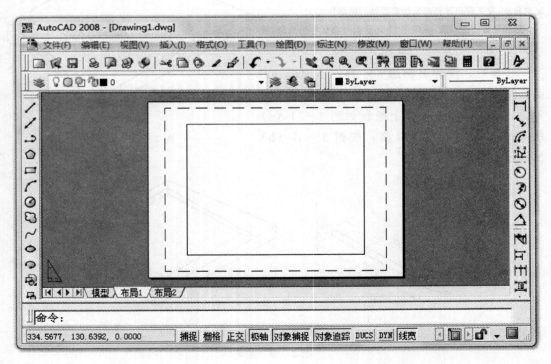

图 3-52　布局界面

鼠标右键单击"布局"选项卡，选择页面设置管理器，在打开的"页面设置管理器"

对话框中选择当前布局，单击右侧的【修改】按钮，进入"页面设置"对话框，如图 3 - 53 所示。

图 3 - 53　布局的页面设置

在"页面设置"对话框中，可以对该布局的图纸尺寸、打印区域、打印比例等进行设置。指定的设置与布局一起储存为页面设置。创建布局后，可以修改其设置，还可以保存页面设置后应用到当前布局或其他布局中。

2. 创建视口

每一个布局中可以创建若干个视口，各个视口中的视图可以使用不同的打印比例。执行"视图"→"视口"→"新建视口"命令，打开"视口"对话框，如图 3 - 54 所示。用户可以选择系统提供的标准视口，也可以根据需要自行组合。

选择确定新建的视口类型后，命令行提示"指定第一个角点或 [布满（F）] <布满>:"，此时，用户可直接回车创建布满整个布局的单一视口，也可以通过指定对角点的方式创建多个自由组合的矩形视口。

视口创建后，双击视口内部可将其激活，使用缩放命令或状态栏中视口比例小三角菜单选择适合的比例以及鼠标滚轮，调整视口内图形的大小及位置。

经验提示：用户应尽量在图纸空间中标注（包括各种注释文字、符号等）。在图纸空间标注有两种情况：一种是在激活的视口里标注；另一种是在图纸空间中标注。需要注意的是，在激活的视口里标注，标注本身位于模型空间；而在图纸空间中标注，标注本身位于图纸空间。

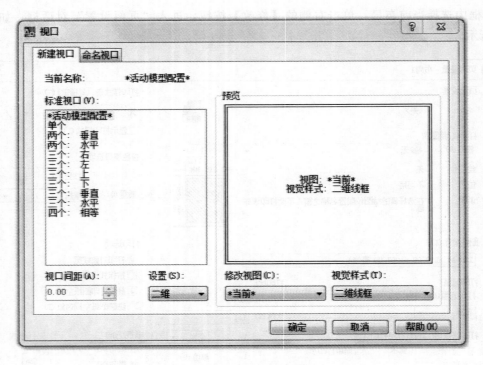

图 3 - 54 "视口"对话框

二、图纸打印

1. 打印样式

图纸在打印前应对打印样式进行设置。打印样式设置就是设置打印图形的外观,包括对象的颜色、线型和线宽等,也可指定端点、连接和填充样式,以及抖动、灰度、笔指定和淡显等输出效果。打印样式可分为"颜色相关"和"命名"两种。

(1) 颜色相关打印样式。颜色相关打印样式是以对象的颜色为基础,用颜色来控制笔号、线型和线宽等参数。通过使用颜色相关打印样式来控制对象的打印方式,确保所有颜色相同的对象以相同的方式打印。该打印样式是由颜色相关打印样式表所定义的,文件扩展名为".ctb"。

使用颜色相关打印样式操作步骤如下:执行"工具"→"选项"命令,打开"选项"对话框,选择"打印和发布"选项卡,如图 3 - 55 所示。

在"打印和发布"选项卡中单击【打印样式表设置】按钮,打开"打印样式表设置"对话框,如图 3 - 56 所示。

在"新图形的默认打印样式"选项组中选择"使用颜色相关打印样式"选项,则AutoCAD 就处于颜色相关打印样式的模式。已设定的颜色相关打印样式就存放在其下方的"默认打印样式表"中,供用户选择。如果在"默认打印样式表"中没有用户所需要的颜色相关打印样式,可单击下面的【添加或编辑打印样式表】来创建或修改新的打印样式。

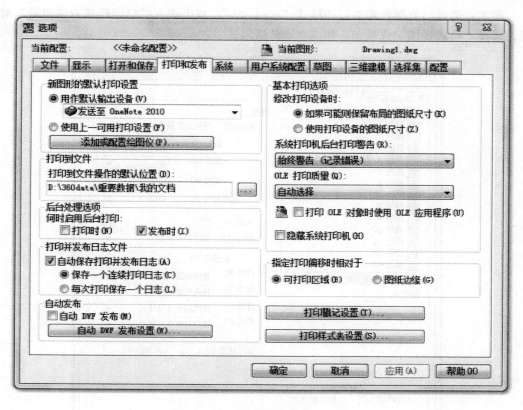

图 3-55 "打印和发布"选项卡

图 3-56 "打印样式表设置"对话框

例如，选择已有颜色相关打印样式"acad. ctb"，双击进入"打印样式表编辑器"对话框，选择"格式视图"选项卡，如图 3 - 57 所示。

图 3 - 57　"打印样式表编辑器"对话框

（2）命名打印样式。命名打印样式可以独立于图形对象的颜色使用。使用命名打印样式时，可以像使用其他对象特性那样使用图形对象的颜色特性，而不像使用颜色相关打印样式时，图形对象的颜色受打印样式的限制。命名打印样式是由命名打印样式表定义的，其文件扩展名为". stb"。

用户可在"打印样式表设置"对话框中的"新图形的默认打印样式"选项组中选择"使用命名打印样式"单选项，也可在"打印样式表编辑器"对话框中创建或修改新的命名打印样式。

2. 打印

打印样式设置好之后，即可进行打印。在图纸空间下执行"文件"→"打印"命令，打开该布局的"打印"对话框，如图 3 - 58 所示。"打印"对话框中的内容与"页面设置"对话框中的内容类似，用户可在此进行打印机、图纸尺寸、打印区域、打印比例等的设置。若用户已有保存的页面设置，可在此处页面设置"名称"下拉列表框中选择，直接确认打印。

图 3 - 58　"打印"对话框

【练习】计算机抄绘图 3-59、图 3-60 所示二维图，绘制图 3-61 所示三维图。

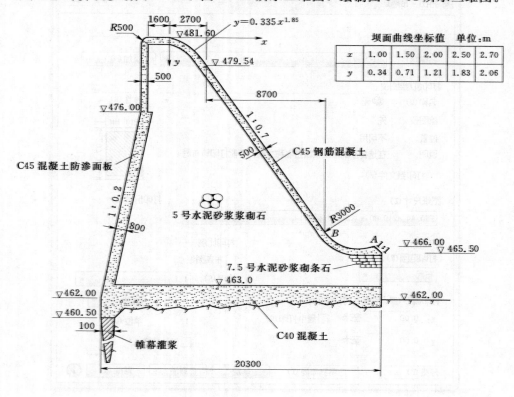

坝面曲线坐标值　单位：m				
x	1.00	1.50	2.00	2.50	2.70
y	0.34	0.71	1.21	1.83	2.06

图 3-59　溢流坝剖视图

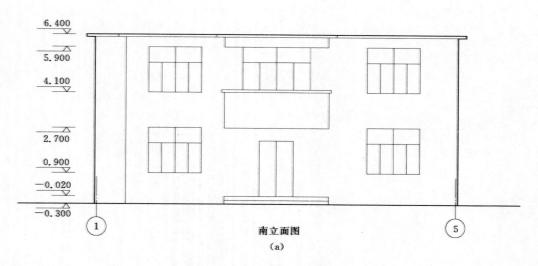

南立面图

（a）

图 3-60（一）　房屋建筑图

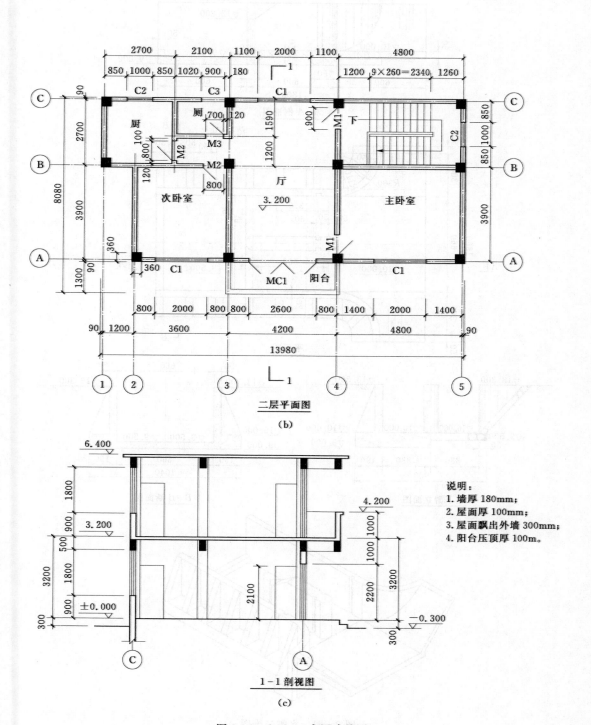

二层平面图

(b)

说明:
1. 墙厚180mm;
2. 屋面厚100mm;
3. 屋面飘出外墙300mm;
4. 阳台压顶厚100m。

1-1 剖视图

(c)

图 3-60(二) 房屋建筑图

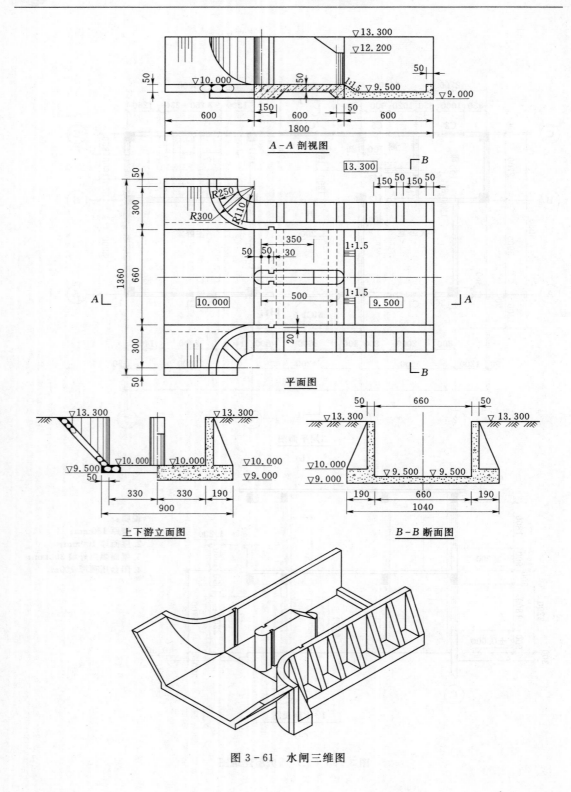

A-A 剖视图

平面图

上下游立面图

B-B 断面图

图 3-61　水闸三维图

参 考 文 献

［1］　刘娟，孟庆伟．水利工程制图［M］．2版．郑州：黄河水利出版社，2012.

［2］　胡建平．水利工程制图［M］．北京：中国水利水电出版社，2007.

［3］　樊振旺．水利工程制图［M］．郑州：黄河水利出版社，2007.

［4］　邹葆华，栾容．水利工程制图［M］．2版．北京：中国水利水电出版社，2007.

［5］　刘志麟．建筑制图［M］．2版．北京：机械工业出版社，2009.

［6］　曾令宜．水利工程制图［M］．郑州：黄河水利出版社，2000.

［7］　柯昌胜，李玉笄．水利工程制图［M］．北京：中国水利水电出版社，2005.

［8］　印翠凤．水利工程制图［M］．南京：河海大学出版社，2000.

［9］　鲍泽富，吴春燕，康晓清．画法几何与工程制图［M］．北京：国防工业出版社，2006.

［10］　肇承琴．水利工程制图［M］．郑州：黄河水利出版社，2004.

参 考 文 献

[1] ████. ████████[M]. ██: ██, ██████, 201█.

[2] ████. █████[M]. ██: ████████████████, 20██.

[3] ████████[M]. ██: ████████████, 20██.

[4] ████, ████. ███████[M]. ██: ██, ████████████, 200█.

[5] ████. █████[M]. ██: ██, ████████, 200█.

[6] ████. █████[M]. ██: ████████, 200█.

[7] ████. ███████[M]. ██: █████████████, 200█.

[8] ████. █████[M]. ██: █████████, 20██.

[9] ████, ████. █████████████[M]. ██: █████████, 201█.

[10] ████. █████████[M]. ██: ██████████, 20██.